69

# 気候を人工的に操作する

## 地球温暖化に挑むジオエンジニアリング

水谷 広 著

DOJIN SENSHO

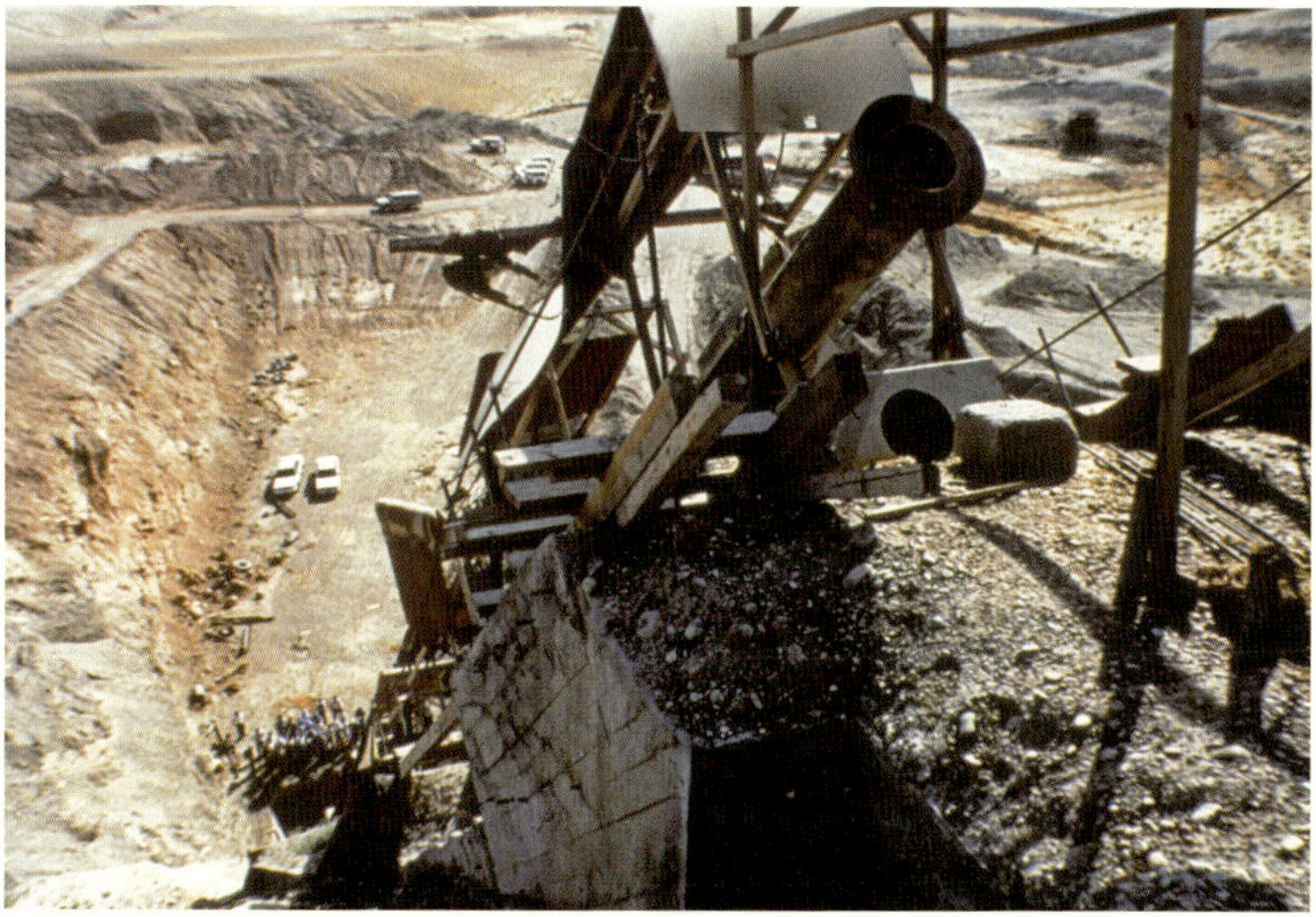

▲ **口絵① 独裁者の夢**
1989 年に製作された Baby Babylon（バビロンの赤ちゃん）とよばれる砲身 40 mの巨大な宇宙砲です。宇宙砲は太陽光を遮るジオエンジニアリングで使われる輸送手段の原型です。


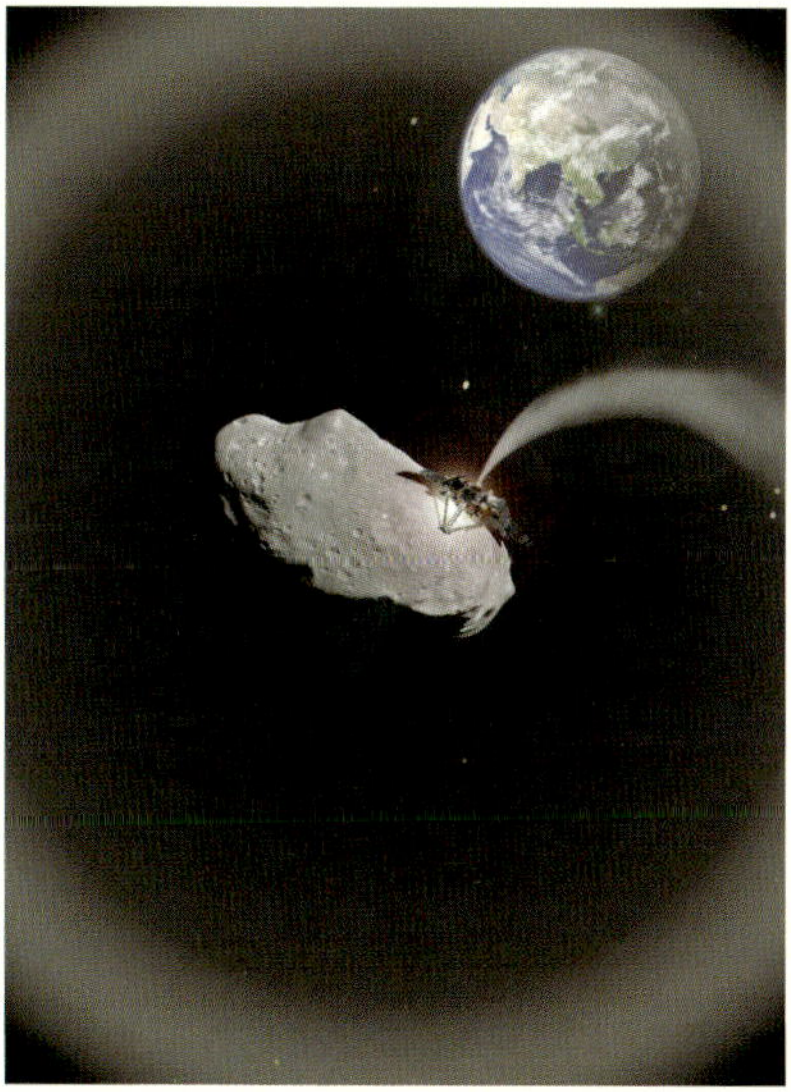

◀ **口絵② 太陽を霞ませる**
捕獲した小惑星を砕いて宇宙にばらまくジオエンジニアリング案です。

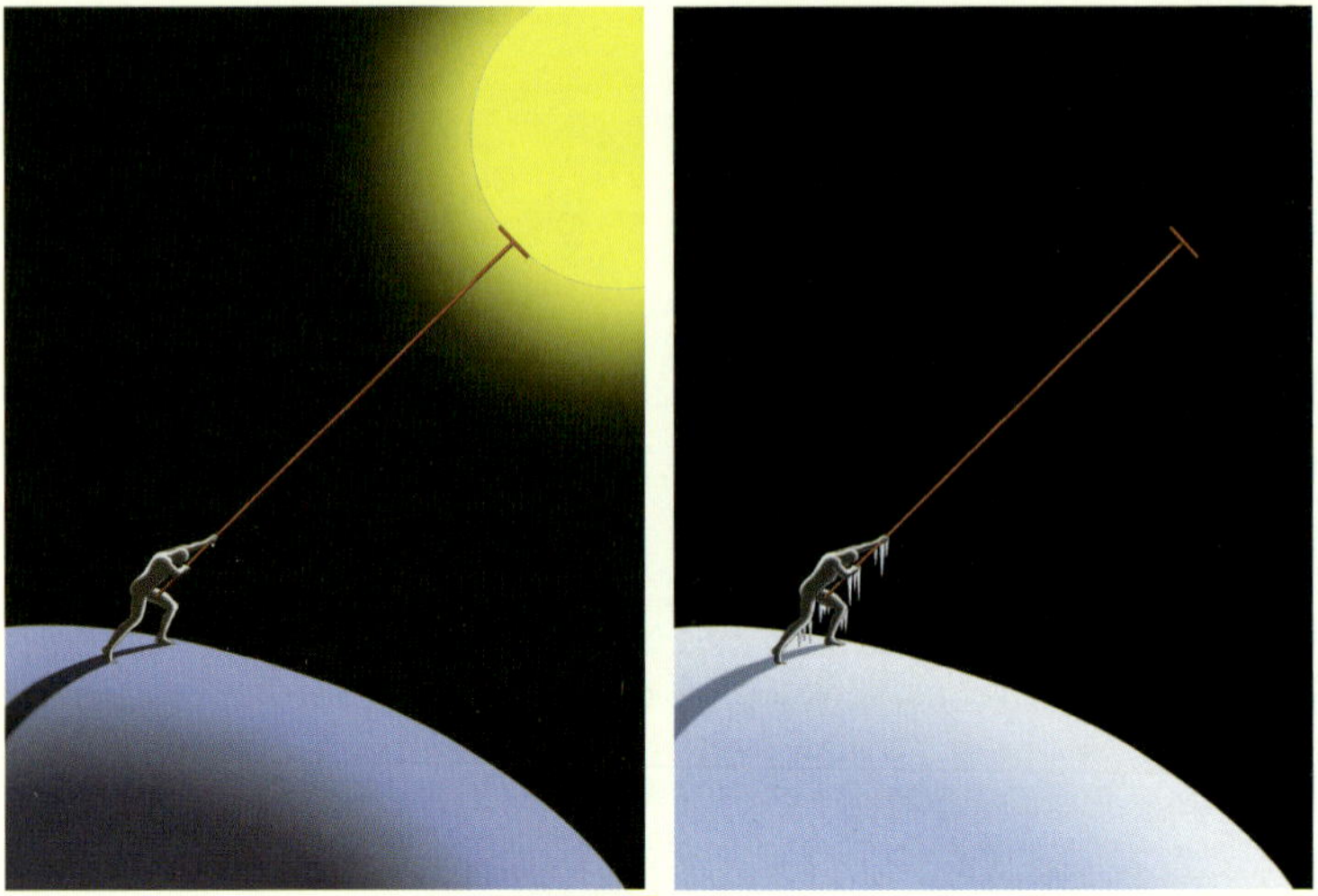

▲ 口絵③　暑くても寒くても

熱い太陽を押しやったら、寒くなって凍りついてしまいました。太陽を遠ざければ涼しくなるという素朴なジオエンジニアリングの失敗を描いています。©2009 Guy Billout

▶ 口絵④　ブドリの志

火山の噴火を意図的におこして冷害を防ぐという宮沢賢治による『グスコーブドリの伝記』の表紙絵（天沢退二郎・萩原昌好／監修 スズキコージ／画 くもん出版／刊）。

▲ **口絵⑤　宙から雲をつかむ**
レーザーを宇宙に配置して雲をつくり増白する、あるいは温室効果ガスを退治する。エネルギーは宇宙発電にて無尽蔵。提供：NASA

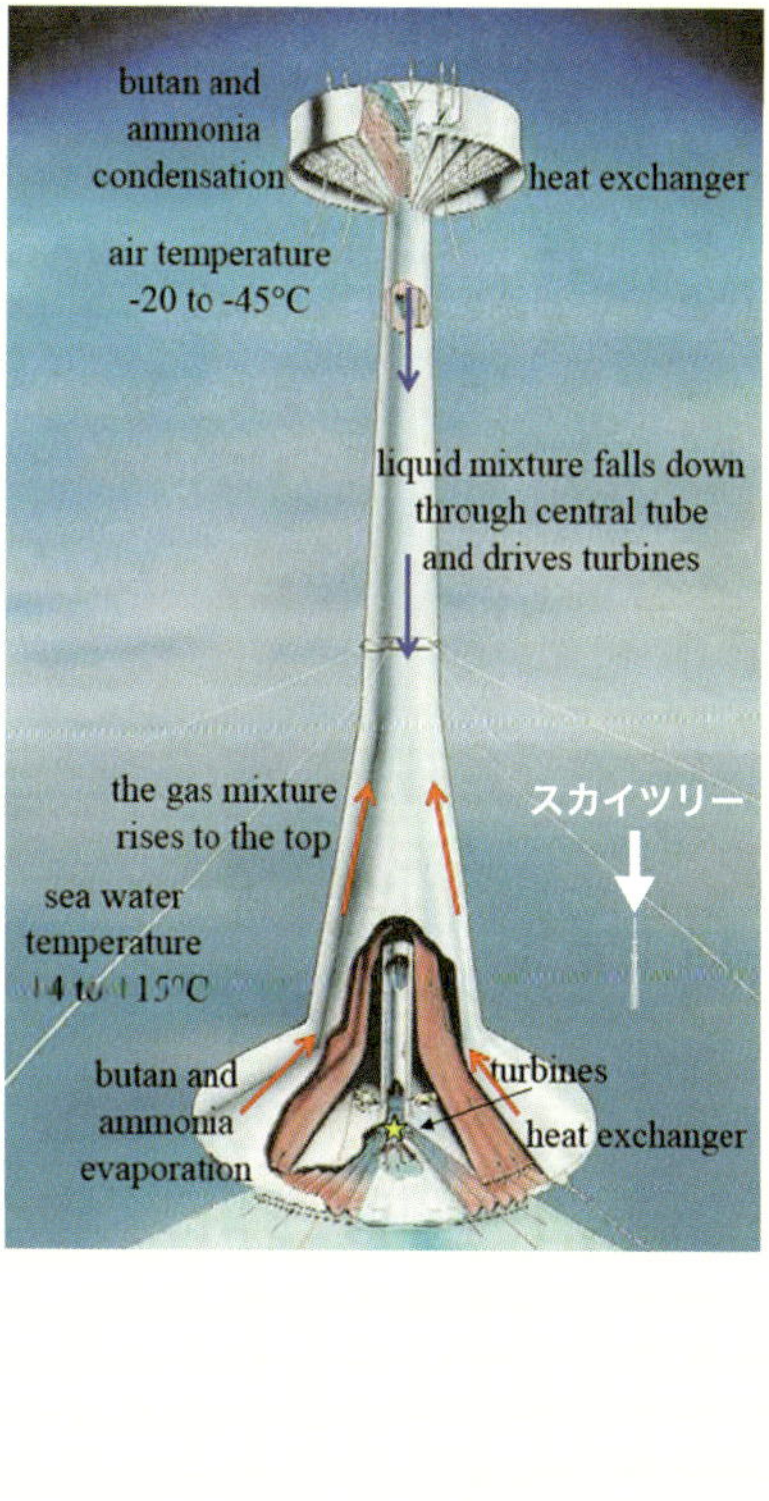


◀ **口絵⑥　巨甚ヒートパイプ**
ヒートパイプの原理を応用した動力発生装置の概念図です。地表の熱を奪って冷やすとともに、タービンを回して発電します。気候制御のジオエンジニアリングであると同時に、再生可能エネルギー源ともなるアイデア。タワーの高さは富士山のおよそ倍になります。図中のスカイツリーは筆者による加筆。

▲ 口絵⑦　風神 vs. 雷神
台風の前に立ちはだかり、風力発電でエネルギーを吸いとってしまいます。

▼ 口絵⑧　癒しの森
イギリス機械工学会による想像図。図手前中央から左に広がるのが人工樹です。大気中の二酸化炭素を捕集するこのような未来の森が実現したとき、人は、そこでの森林浴を楽しみつつ心も癒されるのでしょうか？ © Institution of Mechanical Engineers

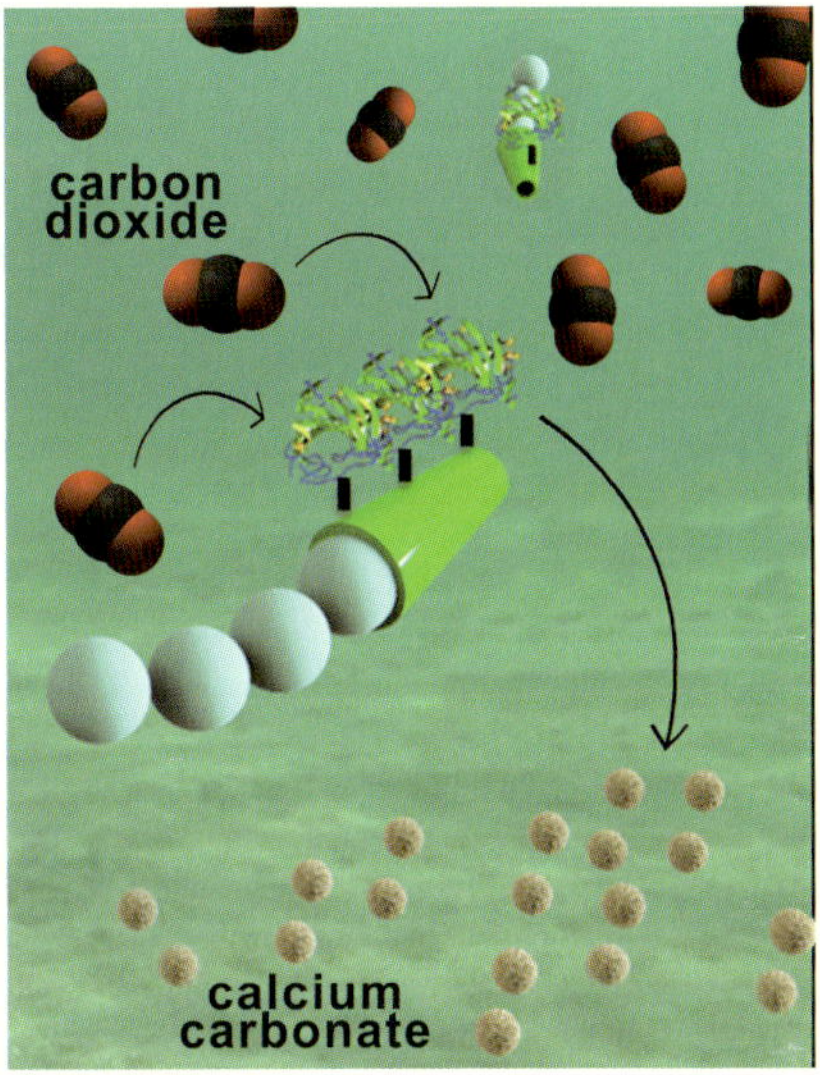


**▶口絵⑨　最強スタンド「$CO_2$ハーヴェスト」**

超人気コミック『ジョジョの奇妙な冒険』のハーヴェストのように、二酸化炭素を次から次と炭酸カルシウムにしてしまうナノマシン。

© The Laboratory for Nanobioelectronics, UC San Diego Jacobs School of Engineering

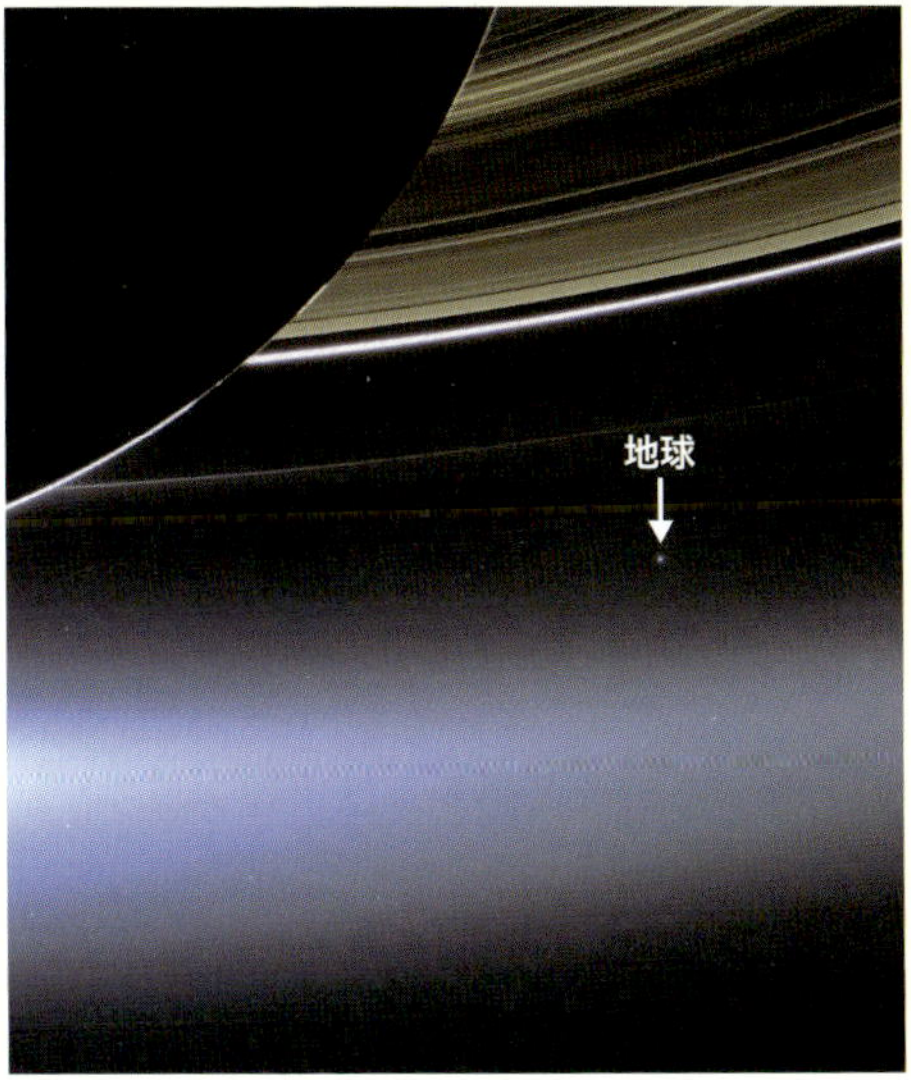


**◀口絵⑩　孤星地球**

2013年7月19日にNASAの探査機カッシーニが土星の近傍からとらえた地球。光速で1時間半離れただけで、すでに小さな点にしかみえません。太陽を除くと私たちにもっとも近い恒星であるケンタウルス座のプロキシマ・ケンタウリまでは、光の速さで4年あまりかかります。

提供：NASA/JPL-Caltech/Space Science Institute

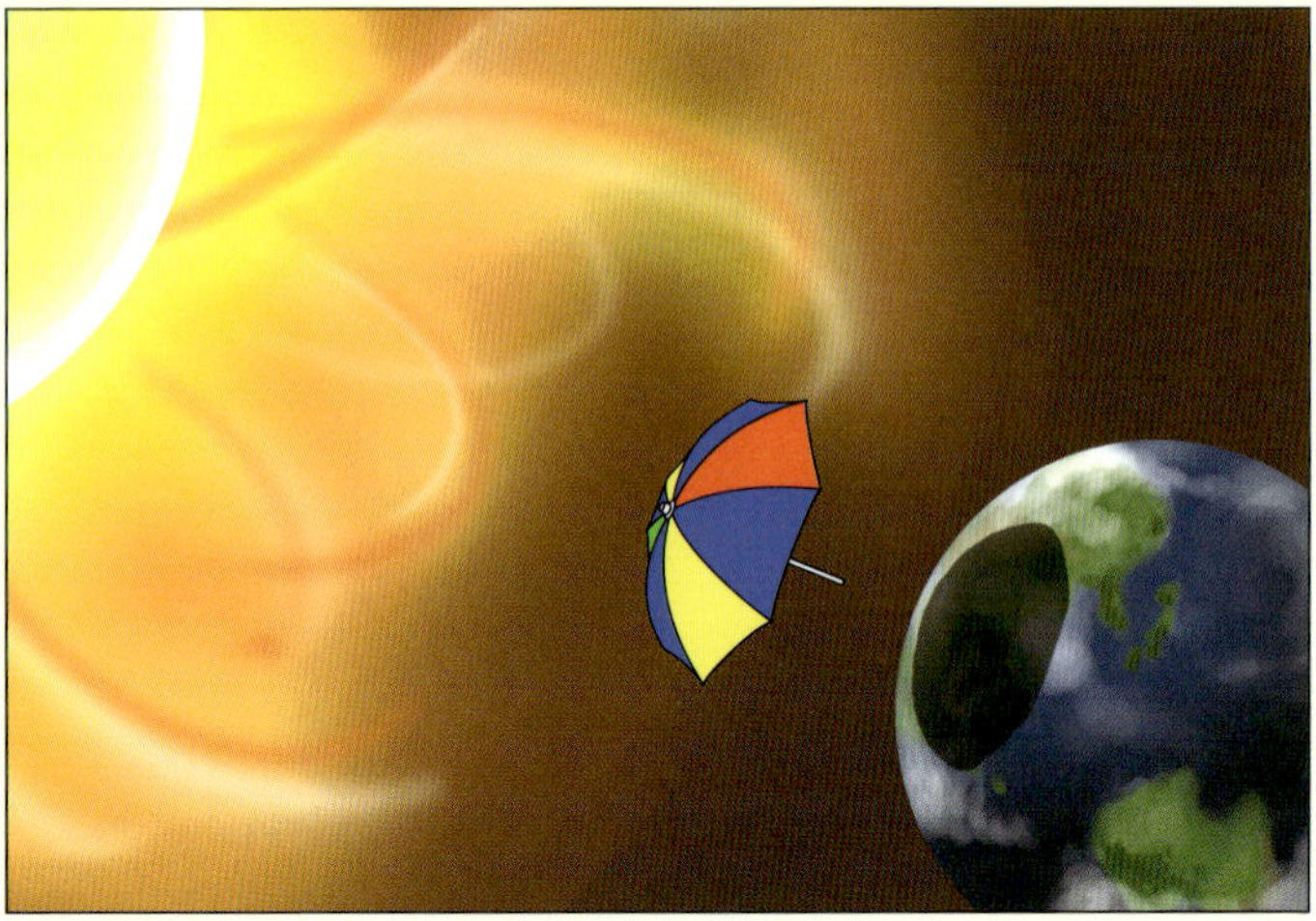

▲ 口絵⑪　太陽の光を遮る宇宙日傘

▼ 口絵⑫　アンデスに白さを取り戻す

雪でも氷でもなく、石灰と工業用卵白を水で溶いたペンキで白くなっています。世界銀行が 1700 の候補から選んだ「地球を救うアイデア 2009」受賞案の一つ。写真は、Eduardo Gold 氏の遺族の許諾を得て転載。

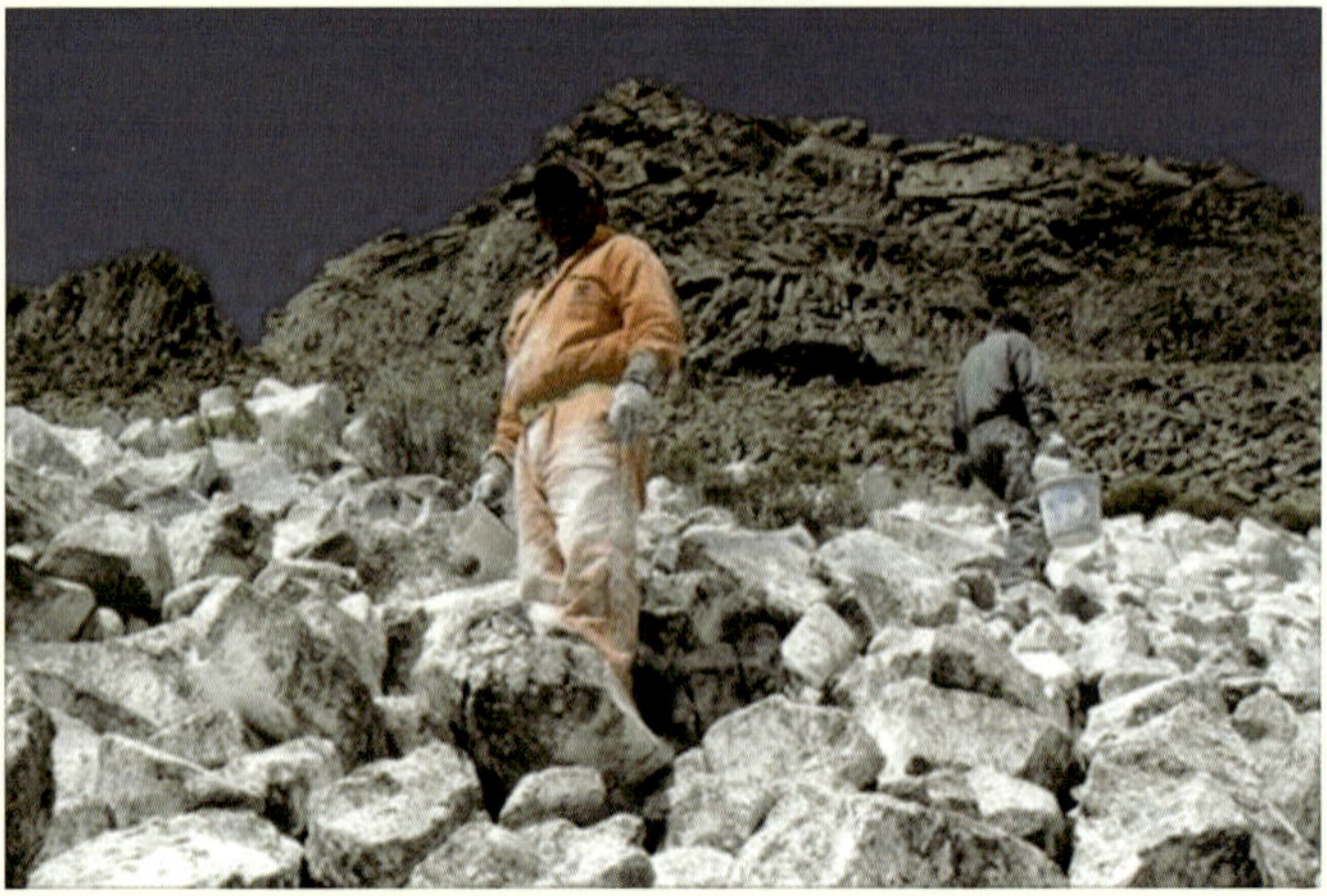

▲ 口絵⑬　日本式宇宙発電

宇宙航空研究開発機構ですすめられている、太陽の光を宇宙で受けて発電するマクロエンジニアリング計画の想像図です。発電で得たエネルギーをマイクロ波で日本に向けて送っている様子ですが、実際にはマイクロ波は目にみえません。2030 年代には実現したいとのことです。© JAXA

▼ 口絵⑭　風化促進の鍵

岩石が風化して二酸化炭素を吸収し、同時に育つケイ藻は魚の餌になり海洋酸性化も抑止される鍵形池。Schuiling, R. D. (2014). A Natural Strategy Against Climate Change. *J. Chem. Eng. Chem. Res.*, **1**(**6**), 413-419 より著者の許諾を得て転載。

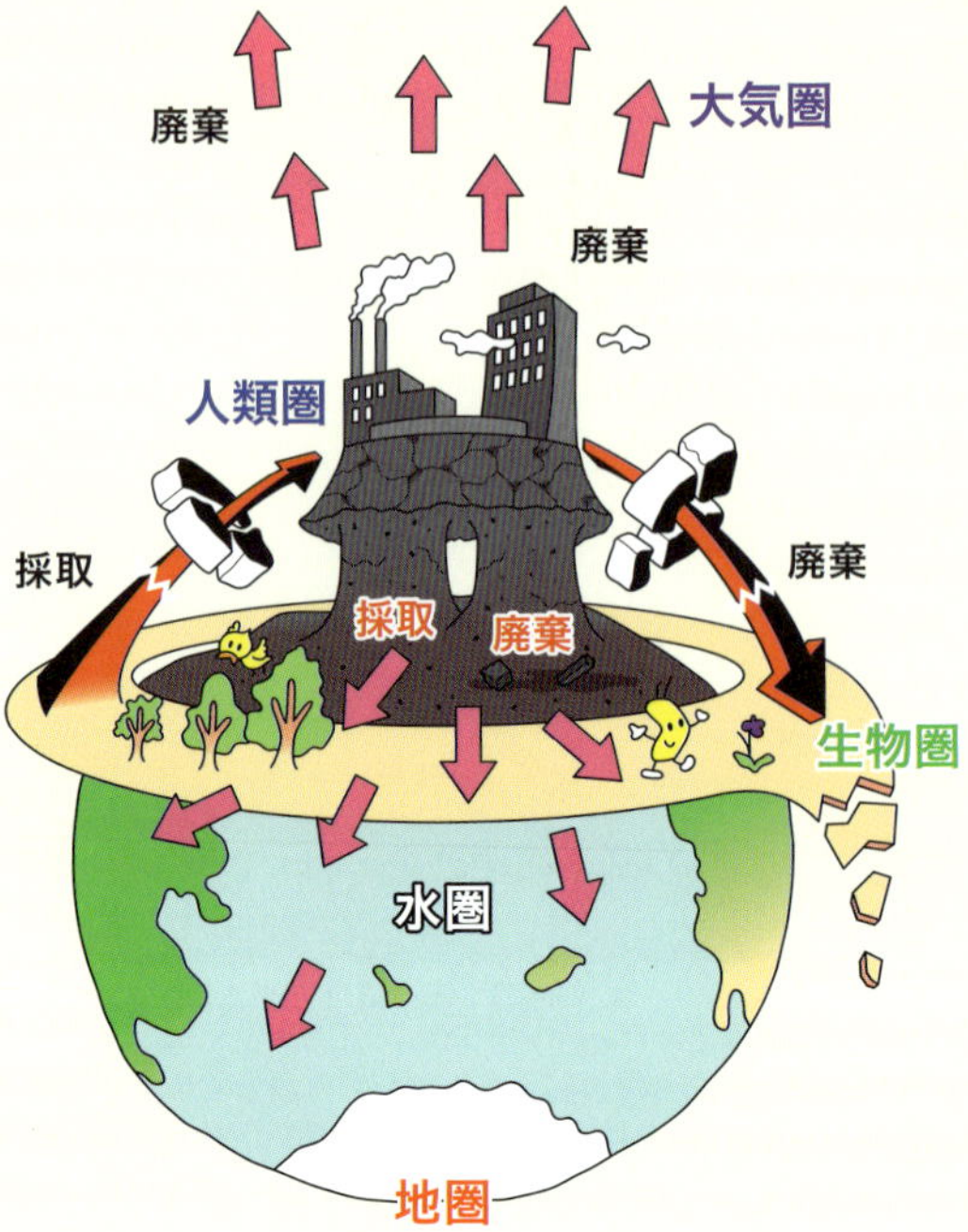


▲ **口絵⑮　人類圏の現状**

地圏の上に人類圏が築かれ、水圏・大気圏・生物圏とあわせて地球システムが成り立っています。採取と廃棄で人類圏は繁栄しているものの、それを支えている生物圏と地圏には綻びが見え、大気圏と水圏にも私たちの廃棄物が蓄積しています。

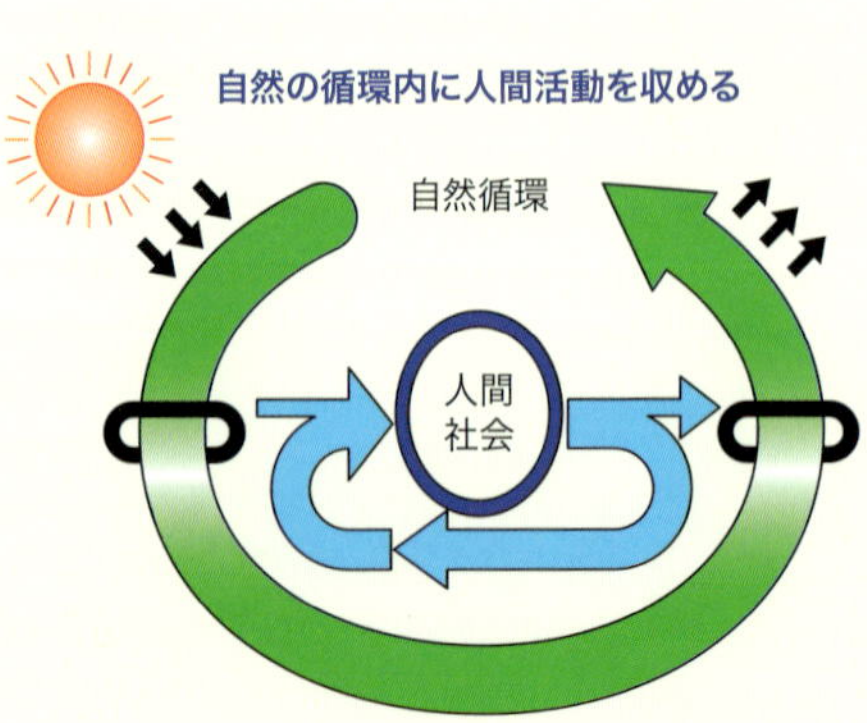


◀ **口絵⑯　地球システムに収まる社会**

人間社会の中で資源を循環させます。外からの採取は、どうしても外へ漏れていく分を補うだけとし、採取も漏れだしも自然の循環を乱さない量に限ります。循環のエネルギーは太陽から獲得します。

# まえがき

「バビロンの赤ちゃん」をご存じでしょうか。口絵①にある、湾岸戦争でイラクに攻め入った兵士の前に聳《そび》え立つ砲身四〇メートルの大砲です。地上の車や人影から、その巨大さを想像してください。

でも、これで驚いてはいけないのです。

名前にあるように、これは赤ん坊だからです。「バビロンの赤ちゃん」は、イラクの独裁者サダム・フセインがスパイ衛星の打ち上げにつかう目的で開発していた宇宙砲の試作品です。何と本物は四倍近い砲身一五六メートルでした。一九八九年に製作された「バビロンの赤ちゃん」は、湾岸戦争終結後に国連によって破壊されました。

このような巨砲で地球の温暖化を止めようというアイデアがあります。本書があつかうジオエンジニアリングという技術群の一つです。

もっと凄いジオエンジニアリングを紹介しましょう。熱い地球を冷やすために、火星と木星の間にある小惑星を太陽と地球の間に運んで粉々に砕き、宇宙に広がる日除けにしようというアイデアです（口絵②）。

このほかにも、暑い太陽を遠くに押しやる（口絵③）。宮沢賢治の「グスコーブドリの伝記」（口絵④）を思い出させる、火山を人工的に爆発させて地球を冷やす。衛星からレーザーを発射して雲を白くする（口絵⑤）。熱交換装置であるヒートパイプを富士山の倍の高さに巨塔化して地表を冷やしながら発電もする（口絵⑥）。風力発電で台風に立ち向かう（口絵⑦）。砂漠に林立する巨大ハエたたきのような人工樹（口絵⑧）。手当たり次第に二酸化炭素を石灰岩に変えるスタンド「ハーヴェスト」（口絵⑨）。

ジオエンジニアリングには突拍子もないアイデアが目白押しです。

インド独立の父、マハトマ・ガンジーは、科学技術に依存した社会が行き着く先は二つあるといったそうです。一つは、壊滅的な機能不全がおきて、システムの欠陥、事実の歪曲、自己欺瞞《ぎまん》がもはや覆い隠せなくなってしまう破綻への道。今一つは、科学技術の暴走を社会がチェックしバランスを取り戻して壊滅的な機能不全を未然に防ぐ、文化による科学技術統制の道。

多種多様な課題が山積している今、その一つである地球温暖化を技術で解決しようとするジオエンジニアリングは、科学技術に依存した私たちの現代社会が行き着いた果てを象徴しています。それは、すでにいくつかの機能不全がおきているというのに、ガンジーが指摘した第一の道をまっしぐらに進む私たちの行く手にみえる新たな一里塚です。

ここで一つ、ガンジーの時代とは違う、見落としてはならない現代固有の問題があります。社会がグローバル化し互いに密接につながっている今では、誰も破綻から逃れることができないのです。一蓮托生《いちれんたくしょう》です。

本書の第Ⅰ部は、地球の環境を意図的に変えようというジオエンジニアリング的発想がどのようにして生まれ意識されてきたか、そしてどれが技術的に可能なことなのか、実行する案を選択する判断基準はどんなものか、実行体制はどのような要件を満たさなければならないか、といったことを考えます。

そうする中で、ジオエンジニアリングが解決をめざす温暖化は、現代社会が抱える根本問題が表面化したものの一つであり、その解決には二〇世紀後半以降の私たちの生き方そのものの方向転換が求められていることを確認します。従来の方法が生みだした問題を解決するには従来とは違ったやり方が求められるというのに、その痛みを避け、害が上回っても益を得られる限りはこれまでのやり方をつづけ、問題解決の先延ばしと将来世代へ負債の先送りをつづける現代社会の病理を問うのです。

ジオエンジニアリング技術の詳細は本書の第Ⅱ部で紹介します。そこでは、ジオエンジニアリング技術を「全球工学」、「気候制御」、「捕集貯留」、それに「周辺領域」という四つのグループに分け、これまでに提案されたものを網羅します。

このようなつくりの本書は、ジオエンジニアリングを具体的対象とすることで、自然科学や工学の範囲を越えて、人間社会の歴史と文化、さらには可能な未来の中から何を誰がどうやって選択するかという問題に立ち向かいます。そうして、私たちの暮らしを支える地球システムへの認識を深めるとともに、私たち自身のあり方について考えます。

これは、私にとってまったく力不足な課題です。それを充分承知のうえで、それでもなお、これまで半世紀にわたって避けてきた「持続可能な社会へ回帰するのか回帰しないのか」の選択を私たち自身で決める最後の機会と考え、その一助になることを願って取り組みました。

気候を人工的に操作する　目次

## 第六章　捕集貯留　121

《巻末》


第I部・第II部扉画像 ©Pablo Scapinachis

# 第Ⅰ部
# ジオエンジニアリング始末

自分の欲望を制御するよりも、
地球を制御するほうが簡単だ

――よみびとしらず

私たち人間がチンパンジーやオランウータンと袂《たもと》を分かち独自の歩みをはじめて以来、火の利用や道具の使用を通して私たちは周囲の環境を変えてきました。その規模が二〇世紀後半から急激に拡大したのです。そしてそれが地球の物質循環にくらべて無視できないものになったために、地球システムが不安定になり、その生命維持機能の劣化が誰の目にも明らかになっています。

ジオエンジニアリングは、これに対する技術者からの対策案といえます。技術者がつくりだす工業製品は、明確な技術の論理で設計されており、その修理も設計者には容易です。これに対して地球システムは、設計の論理さえ未解明です。

動作の原理も知らずに生半可な知識で修理をする羽目になったら、どのようなことを心がけるべきなのか。そもそも、ほかに手立てはないのか。現状を打破する知恵と覚悟が私たちにあるのか。そういったことを第Ⅰ部で考えましょう。

# 第一章 ジオエンジニアリングの出現

二〇一四年の末、温暖化について科学的研究結果を収集・整理する政府間組織である「気候変動に関する政府間パネル」（ＩＰＣＣ）が、「第五次評価報告書」を出しました。一九八八年に設立されたＩＰＣＣは、その活動が評価されて二〇〇七年にノーベル平和賞を受けています。

この報告書を一次から五次まで並べて見渡すと、過去二〇年あまりで温暖化に関する知識が増え、曖昧さが減ってきたことがわかります。また同時に、この問題が解決するどころか、ますます深刻になっていることもみてとれます。

## １・１　エンジニアからの提案

### 行き詰まった温暖化対策

温暖化の主要な原因である私たち人間による大気への二酸化炭素廃棄に、ＩＰＣＣの活動は歯止めをかけることができませんでした。大気中の二酸化炭素濃度は減るどころか、ＩＰＣＣ創設以来、一割あまり増えてしまっています。今や私たちは、石炭が二酸化炭素ばかりかそのほかの大気汚染物質までたっぷり発生することを百も承知で燃やし、さらに新たなエネルギーを求めて地下深く堅い岩石に閉じこめられているシェール・オイル、シェール・ガスを抉《えぐ》り出しているからです。

そのため、第五次報告書では、「今後は、大気に広がった温室効果ガスを回収する必要がある」とまでいっています。

空気から二酸化炭素を回収するのは、まさにジオエンジニアリングです（口絵⑧）。

その必要性は、二〇一五年に全米研究評議会が二年の歳月をかけてまとめた、ジオエンジニアリングに関する報告書でも確認されているのです。

しかも、温暖化は私たちが抱えている深刻な環境問題の一部でしかありません。二〇世紀後半からとくに激しくなった資源とエネルギーの消費を、今後一〇〇年つづけることはできないのです。

ソロモン諸島のタロ島では、「海面の上昇で水没しそうな島から全住民が移住する」と、二〇一四年の夏に決めました。島に留まるという選択肢はないのです。私たちは、もっと悪い状況にあります。「破綻した地球から全住民が移住する場所はない」からです（口絵⑩）。

地球の過去と未来に寄りかかっている暮らしを変えるのが遅くなればなるだけ選択の余地は失われ、ついには誰も望まない選択肢しか残りません。

そんな近未来を想うと、不確かな技術であっても、藁をもつかむ気持ちで、それに賭けてみようという気がおきても不思議ではありません。とくに、狭い専門分野で枝と葉っぱに目を凝らして毎日を過ごしている真面目な専門家ほど、そういった選択をしかねないのです。

## 現代によみがえったジオエンジニアリング

この行き詰まった状況に対して、オゾンホールの研究でノーベル化学賞を受賞したパウル・ヨーゼフ・クルッツェンが、しばらくの時間稼ぎとして「気候を人工的に変えよう」という内容のエッセーを二〇〇六年に学術誌に発表したのです。

その費用は？　何と、温暖化対策の費用とくらべて桁違いに安い！

これが現状に苛立っていたエンジニアに注目され、それまでは誰もまともな科学の対象とは考えなかったアイデアが「ジオエンジニアリング」の名で科学の世界に持ちこまれました。

そしてこれをきっかけにして、気候を変える提案が数多くされました。その多くは、二〇世紀の半ばにはすでにあったものです。一見して突飛なものが多いこと、多彩なペテン師に彩られた歴史がある「気象操作」に根差していること、軍事目的に転用されやすいこと、そして何より、風神・雷神に一時しのぎの雨乞いをするしかなかった私たちが、天候を思うままにするという発想への違和感などの理由で、充分な可能性を調べられずに忘れられていた数々のアイデアが、現代によみがえったのです。

## 惰性から抜けだせない

地球システムの仕組みがおぼろげにみえてきて、温暖化がもたらす変化を日々の暮らしと結びつけることができるようになっています。そうしてようやくその深刻さが感じられてきました。

ところが、これまでずっと安定した気候で暮らしてきた私たちの社会は、気候変化に対する備えに真剣になれません。
長らく、「温室効果ガスの排出削減」をスローガンに取り組んできましたが、一体、何ができたでしょう？

原子力発電への依存を強めることと、省エネ、新しい化石燃料の開発、それに多少の再生可能エネルギーの研究くらいです。その結果はどうかといえば、温室効果ガスの主役である二酸化炭素は相変わらずのペースで大気中に増えつづけています。

## 対症療法

そこで、「これでは絶望的だ」として、排出削減に代わるアイデアをエンジニアが持ちだしました。それが、口絵に一部を示した突拍子もないものだったのです。

でも、エンジニアの知恵は、これで終わりでしょうか？　ジオエンジニアリングの提案に、いつか役に立つものはないのでしょうか？

エンジニアの発想ですから当たり前なのですが、どれも技術的な解決をめざしています。ですから、「なぜこのような問題を人間がおこしたか」について考えることはありません。対症療法です。問題を根本的に解決するものではないのです。しかし、緊急事態では対症療法も必要でしょう。

ジオエンジニアリングの技術的詳細は本書の第Ⅱ部で紹介しています。また、附表❶には、それぞれの分類群とその特徴をまとめ、このような分類をした理由は「あとがき」に記載しました。ここでは、それぞれの分類にどのような特徴があるかを簡単に記します。

## 1・2　全球工学

### 宇宙をつかう

「全球工学」は、およそ上空一〇キロメートルよりも高い成層圏や宇宙空間に、太陽の光を遮る物体を置いて地上に達する光を和らげようという提案です。この場合、これより高度が低い対流圏で光を遮るのとは異なり、影響が地球全体におよびます。そこで、このようなジオエンジニアリングを全球工学とよんでいるのです（☞豆事典「大気の構造」）。

全球工学に属するこれまでに提案されたおもな案は、「宇宙に日除けを打ち上げる」と「成層圏にエアロゾルを散布する」の二パターンになります（☞豆事典「エアロゾル」）。

図1－1に全球工学技術の様子を示します。また巻末には、おもな全球工学案とその概要を附表❷として掲載しました。

### 宇宙日除けとエアロゾル散布

太陽光の入射を妨げる物体を宇宙空間に設置するアイデアが宇宙日除けです。宇宙日傘ともよばれ、その代表的イメージが口絵⑪です。宇宙に浮かぶ日傘は、設置後のメンテナンスが大変です。そこで、なるべく放っておけるものが好まれます。ただ、そうすると、いったん設置したものを元に戻すことは難しくなりがちです。これを「原状復帰性が低い」といいます。原状復帰性はジオエ

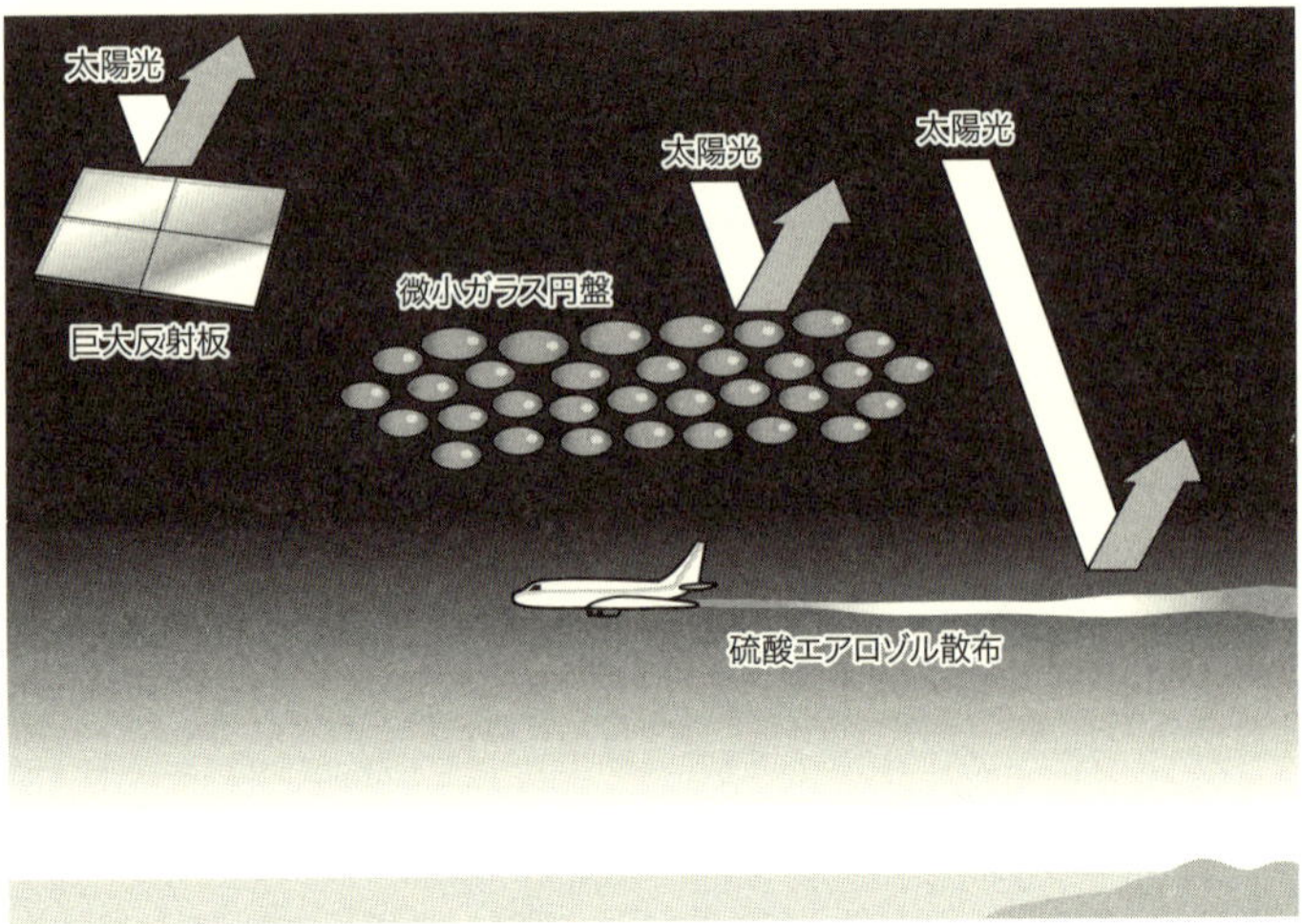


図1-1　全球工学技術のイメージ図
太陽からの光を反射して地表気温の上昇を抑制します。

ンジニアリング技術の大事な評価項目の一つです（☞2・2節）。

もう一つの全球工学が、成層圏にエアロゾルを散布する提案です。これで地球を冷やせると考える根拠の一つが、火山の噴火です。フィリピンのルソン島にあるピナツボ山が一九九一年に噴火したとき、大量の火山ガスが放出され、一部が成層圏に達して全球規模の硫酸エアロゾル層となりました。そして翌年、地球の気温が約〇・五℃下がったのです。

ジオエンジニアリングが広く知られるきっかけとなったクルッツェンの提案は、ここに属します。即効性があり、効き目は数年つづくといわれています。火山噴火だけでなく、大気汚染の影響もエアロゾルの効果をみるときの参考になります。そのため、ほかのジオエンジニアリング提案にくらべて、その効果や影響を少しは知っている技術といえます。

## 1・3　気候制御

### 地球システムを利用する

地球全体の気候に影響をあたえようという全球工学とは異なり、特定の地域の気候を操作する提案が「気候制御」です。「対流圏や地上で太陽の光を減らし、影響を地域に限る案」や「冷たい深海の海水を汲み上げて地表を冷やす案」、二〇世紀半ばに盛んに研究された「人工降雨案」などがあります。

それから、作業を行った場所ではない遠隔地での効果を期待するものも気候制御にはあります。遠く離れた地域の気象などが密接に関連しあっている、「テレコネクション（遠隔相関）」とよばれる現象を応用するのです。テレコネクションは、離れた地域で気圧が連動して変化することから、その存在が知られるようになりました（☞5・3節）。

巻末の附表❸に、おもな気候制御案とその概要をまとめました。ご覧ください。

図1－2は作業現場での効果を狙った気候制御のイメージ図です。

地域の環境を望ましいものにすることは、温暖化が社会問題になる前から取り組まれていました。そのため、気候制御の提案には、温暖化対策以外のメリットが期待されるものも多くあります。温暖化対策としての効用は、あとからとってつけた程度のものもふくまれます。この意味では、あとに述べる「捕集貯留」や「周辺領域」と重なる部分がある分類群です。

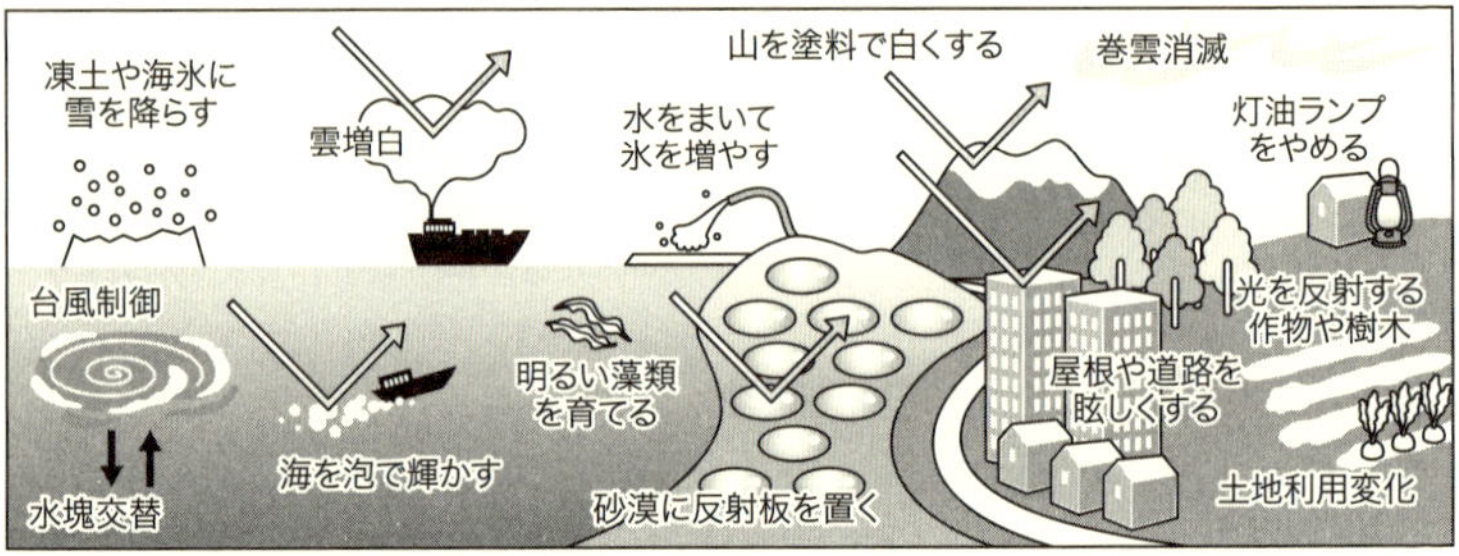


図1−2　温暖化対策として、その場で効果が期待される気候制御技術の例

## 雲とテレコネクション

作業をおこなった現場で効果があるとされるわかりやすい例は、雲をつくったり消したりするものでしょう。口絵⑤は、宇宙にレーザーを配置して雲が「太陽の光を反射して宇宙に戻してしまう割合（反射率）」を高めるアイデアです。こうすると、地球は温まらなくなります。口絵⑫にある白いペンキを塗って反射率を高めた山も、この仲間になります。どちらも、まだ昔の雨乞いなどの延長であり、効果は疑問です。

一方、作業をした場所から遠く離れたところで効果が生じるものは、これからの技術です。これは、エルニーニョ・南方振動など最近になって知られるようになった、テレコネクションを利用しようというものです。

全体がシステムとしてつながりあっていることを考えると、遠く離れた地域でも互いに影響しあっているのは当たり前です。気圧は比較的簡単に測定できるので、互いに影響しあっているのが見つけやすかったにすぎません。今後は、もっといろいろな相互影響が見いだされるでしょう。今は、そういうことに気づき発見しているレベルですから、応用にはまだ時間がかかるでしょうが将来は有望です。

### 環境改変兵器

悪意で洪水や干ばつをおこすのは、軍事目的で熱心に研究されたことがあります。同じ意味あいで、ジオエンジニアリング技術の中で兵器として転用されるおそれが一番あるのが気候制御です。これを抑止する可能性がある国際条約に「環境改変兵器禁止条約」があります。アメリカ軍がベトナム戦争時に、人工降雨でベトコンの補給路を断とうとして失敗した作戦を契機として国連で採択され、一九七八年に発効しました。

## 1・4　捕集貯留

### 温室効果ガスを閉じこめる

捕集貯留は、「大気中の温室効果ガスを捕集し安全に貯留する」技術です。おもな捕集貯留案とその概要を巻末の附表❹にまとめました。

ほとんどの捕集貯留案が対象とする温室効果ガスが二酸化炭素です。図1‐3は、光合成によって樹木が捕集した炭素を炭として貯留する場合を例とした捕集貯留技術の全体を示しています。

捕集貯留は大きく五つの要素技術で成り立っています。「捕集」、「回収」、「一時保管」、「輸送」、「貯留」です。これらの中には、特定の捕集貯留技術によってはとくに考える必要のないものもあ

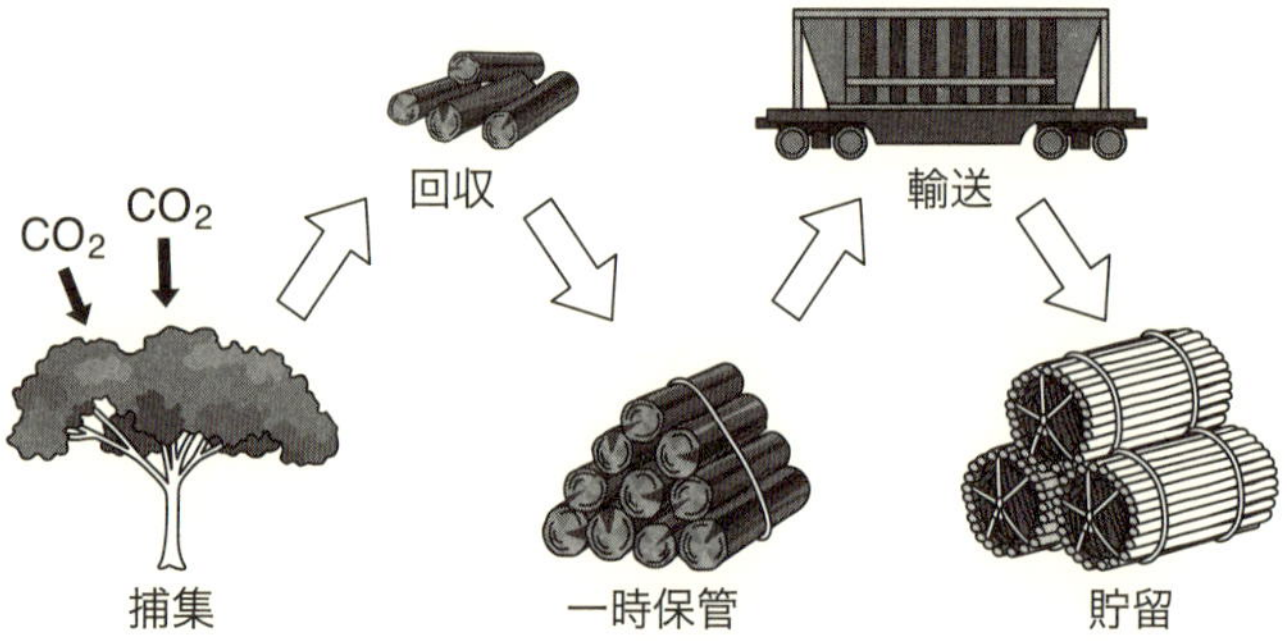


図1－3　樹木の炭化を例とした捕集貯留の五つのステップ概念図

樹木が大気中の二酸化炭素を「捕集」し生長します。次いで、樹木を炭化して炭素を「回収」し、貯留施設への輸送に備え「一時保管」します。その後、安全な「輸送」のあとに隔離して「貯留」します。

れば、それがネックになって全体としての完成が難しいものまでさまざまです。

すでに実施されている捕集貯留の例に、火力発電所や油井で発生する廃ガスから二酸化炭素を捕集貯留しているものがあります。また、図1－3に示した樹木に限らず、草や藻による光合成も自然がおこなっている二酸化炭素の捕集といえます。その中には、捕集のみならず、長期間の貯留まで達成した例があります。三億年ほど前から地下に貯留されてきた石炭をはじめとする化石燃料がそれです。

そこで、これを真似て、たとえば口絵⑧にあるような人工樹が提案されているのです。また、気候変動枠組条約締約国会議で議論されているREDDプラスとよばれる「途上国での森林減少・劣化による温室効果ガスの排出を削減し、森林に炭素を蓄積する計画」も捕集貯留のジオエンジニアリングです（☞6・3・4項）。

捕集貯留技術共通の特徴は、温暖化の原因とされる温室効果ガスそのものを対象とする点にあります。温室効果ガスを捕集し、それを大気に逃げださないように隔離して貯留するのです。うまくすれば、歯止めがかからない大気中温室効果ガス濃度の増加を止めるばかりか、減少させることだって可能なのです。この温室効果ガスを正味で減らす技術は、最近、英語の「マイナス放出技術群」の頭文字から「ネッツ」とよばれています。ネッツについては、7・1節で紹介しています。

それから、捕集貯留技術で二酸化炭素を捕集すれば海洋の酸性化を防ぐことにもつながります。また、移動しやすい大気から二酸化炭素を集めるので、ほぼ全球で均等に濃度が下がります。このため、気候制御とは異なり、地域による効果の違いが原則的に生じないという特徴もあります。

## 陸と海を活かす

REDDプラスが対象としている植林は、温暖化が問題となる遥か以前から取り組まれています。それだけによく知られた技術ですが、現在、大気中に私たちが廃棄している量に見あう分を植林で捕集貯留するとなると、実は多くの困難な課題があるのです（☞6・3・4項）。その象徴が、砂漠化を防ぐ植林です。以前からなされているものの、進行を食い止められないでいるのが実態だからです。

栄養が豊富な深海の水を汲み上げて藻類の捕集力を強化する案もあります。浅い海と深い海とでは水温に違いがあります。そのためこれは、気候制御の役も果たします。そこでこのような案については第Ⅱ部では、主たる目的がどちらであるかを提案ごとに判断して分類しています。

それから、もう一つの温室効果ガスである大気中のメタンを捕集せずに分解してしまおうという案があるのですが、捕集はしないものの温室効果ガスを大気から除去するという主たる目的は同じなので、この案は捕集貯留技術に分類し、詳細を6・6節に記しました。

## 1・5 周辺領域

意図的に温暖化に働きかけようとしなくても、結果として大きな影響を気候にもたらしかねない人間活動が、ジオエンジニアリングの周辺領域です。その例として第八章では、「事故」、「戦争」、「遺伝子工学」、「マクロエンジニアリング」を取り上げています。

### ダークホース

戦争が気候に対して大きな影響を与えることは、「核の冬」という一言をあげれば足りるでしょう。

戦争の準備も環境に影響します。つかわれなかった兵器はいずれ処分されるからです。廃棄された原子力潜水艦による放射能汚染は、氷山のほんの一角です。通常兵力の維持に多くの資源が投入されているのも、世界の軍事予算をみるだけで充分わかります。

一方、ミクロな世界の技術である遺伝子工学が周辺領域にふくまれているのは、ちょっと不思議に感じられるかもしれません。「条件が満たされれば勝手に増える性質」が生物にあるため、遺伝子操作された人工合成生物が地球全体の環境さえも変えてしまうことが考えられるからです。生物と地球がともに進化してきた歴史それ自身が、遺伝子が変化した生物が地球の環境を変えてきた動かぬ証拠といえます。

## エンジニアの夢――マクロエンジニアリング

マクロエンジニアリングは、人口、食料、資源、エネルギーなど社会が直面している問題を、技術によって解決しようという大規模エンジニアリングです。一八世紀以来の巨大土木事業の夢を引き継いでおり、温暖化対策に特化していないジオエンジニアリングといえます。

しかしこれも、気候変動とは別の問題を解決するものだからといって、環境と無関係とはいえません。かつては、「サハラ砂漠を縦断する運河をつくり輸送路とするとともに、砂漠を緑化し発電もする」とか、「暖流の黒潮を原子爆弾で北極海へ流しこみ、北極海の氷を消滅させる」といった突拍子もない提案がありました。今からみれば、これが気候を変えてしまうことは確かです。そして、今でもそのような案がだされているのです。

たとえば口絵⑥は、現在提案されているマクロエンジニアリングの例です。富士山の二倍ほどの高さの塔に封じこめた揮発性の液体が地表の熱を奪って気体となり、対流圏の上部にまで移動することで地表を冷やします。同時に、熱媒体が冷えて液体に戻り、地表に向けて流れ落ちる勢いでタービンを回し、温度差発電もしようというアイデアです。これで地表が冷えるというメリットがあるというのですが、一方でこれは、対流圏上部に強烈な熱源を置くことになります。口絵⑬の宇宙発電も、環境面への配慮が不要だとはいえないでしょう。

## 1・6　ジオエンジニアリングの注視点

### オマケつき

ジオエンジニアリング技術の特徴に、温暖化対策以外にもメリットがあるとされるものが多いことがあります。

たとえば、気候制御のジオエンジニアリング案に「クール・ルーフ」とよばれるアイデアがあります。これは、暑い夏に白っぽい服を着るように、屋根や道路などを白くして温まるのをおさえようという提案です。家やオフィスの冷房代を下げるといったオマケがあるので、すでに義務化されている地域があるのです（☞5・2・3項）。

また、途上国で広くつかわれている灯油ランプから大量に発生する煤《すす》は、呼吸器障害やがんをはじめとする各種の健康問題をおこしています。そのため、灯油ランプをやめて太陽光を利用した照明に変更する国際支援活動があるほどです。日本からは、家電メーカーばかりか他業種の会社まで参加しています。実は、この煤が、温暖化をもたらしていることが知られています。煤は黒色炭素ともよばれ、温暖化への寄与は二酸化炭素に次いで大きいのです。しかも黒色炭素は山岳氷河やグリーンランドの氷床に沈着して、その融解を促進しています。ですから、灯油ランプを替える活動は、健康問題解決が主で、温暖化防止のジオエンジニアリングは逆オマケになっているということができます（☞5・2・3項）。

捕集貯留のジオエンジニアリングでは、いちいち取り上げていてはきりがなくなるほど、オマケがあります。森林が増える、食料が手に入る、魚が育つ、燃料がつくれる、それに海の酸性化を防ぐなどです。

なぜオマケがついてくるのでしょうか？

これは、ジオエンジニアリングが地球システムという複雑な系を対象にしているためです。気温上昇抑制という一つに絞った目的だけを達成するのは難しく、ほかに波及することが避けられないからです。

それがたまたま好ましいものであれば、それは素敵なオマケでしょう。しかし他方で、好ましくないこともおき得るのです。

「よいことは思いつきやすいのに、悪いことは考えたくない」という私たちの気質を考えると、悪いオマケが本当にないか、よほど注意しないといけません。そこで本書では、ジオエンジニアリングのよいオマケを「正の副次効果」、悪いオマケを「負の副次効果」とよんで、どちらも考えます。

## 気候モデルの限界

もちろん、副次効果の中には、正負どちらともいいきれないものもあれば、そもそもそんな効果があるのか不明なものもあります。むしろ、本書であつかうジオエンジニアリングのほとんどが、狙った効果さえ本当に実現するのかが、よくはわかっていないのが実態です。ジオエンジニアリングが対象とする地球システムは大きく、実際に実験することは将来もふくめて困難なのです。

それで現在は、主として地球システムの特性を真似て計算機内につくった「模型」で予想をたてています。この模型は「気候モデル」とよばれています。模型ですから、本当の地球システムとは違います。そのため、気候モデルが導きだす予想にも当然、限界があります。間違っているときだってあるでしょう。

わからないことは多いし、実験は困難。でも、最近の異常気象や食料品の値上がりなどから何となく感じられるように、私たちの命を育んでくれた地球システムの生命維持力が劣化しています。いつまでも放っとくわけにはいかないのです。

## 多様な人間活動

一つの地域で人間が多種の活動をしているためにおきる複雑化も、ジオエンジニアリングの実施で考えなくてはなりません。その好例がバルト海です。

北欧にあるバルト海は、ヨーロッパ大陸とスカンジナビア半島の森に囲まれています。この半ば閉ざされた海に河川水が流入する結果、表面水の塩分濃度は平均的海水にくらべてかなり低くなり、水の上下混合がおきにくいのです。そのため、深海では酸素が不足し青潮がおきています。そこで、この問題の解決をめざして水塊交替のジオエンジニアリングが試されています（☞7・2節）。

その一方で、バルト海は九つの国に囲まれ、古くから水運が盛んです。貿易船やフェリー、それに免税目的のショッピング・クルーズなどの大型船舶が、バルト海周辺の都市を結んでいます。そのため、森林と都市など陸から発生するエアロゾルに加えて、海でもさまざまなエアロゾルが生じ、バルト海上空に大量に漂っています。これが、船の排気による航跡雲を生じる原因となっています。意図しない雲増白ジオエンジニアリングです（☞図1－2）。

また、これらの船の中には藻類の栄養になる廃棄物を海に投棄しているものもあるとされています。さらに、周辺の河川からも藻類の生長に必要な栄養が川からの汚染物として流れこんでいます。その結果、夏には毎年のように藻類が大発生します。これは海洋肥沃化ジオエンジニアリング（☞7・2節）であり、バルト海が「沈黙の海」の典型になっている一因です。

このように、多様な人間活動がすでに複雑に絡みあい集積して、利害関係が錯綜している地域こそが、ジオエンジニアリング実施の現場だという点も心得ておかなければなりません。

## ジオエンジニアリングの魅力

長い間、温暖化を解決するにはライフスタイルを変えなければならないといわれてきました。しかし、そんな訴えに耳を貸す人は少数です。楽な暮らしを変えたくないという気持ちは誰にでもあるでしょう。それに加えて社会的な痛みが伴います。社会を循環型に変えるには、まずエネルギー関連産業などが大きく変わらなければなりません。そしてそれはあらゆる産業におよびます。よほど周到に事を運ばなければ、多くの人が職を失うことになりかねません。

それが、今の暮らしを変えず、産業構造もそのままで、新たなビジネスとなるジオエンジニアリング産業が興れば、温暖化が安上がりに解決するというのです。しかも、太陽の光を遮ったり（口絵⑪）、人工の樹で温室効果ガスを吸いとったり（口絵⑧）という単純でわかりやすいアイデア。大変な魅力です。

そのため、ジオエンジニアリングの実行プランが、ＩＰＣＣや全米研究評議会といった科学技術の専門家集団によって進められているばかりか、日本でも、一部のジオエンジニアリングについて、その実施に向けた予備調査がおこなわれているのです。

## ジオエンジニアリングの陰

よいことづくめのようですが、そうではありません。

たとえば、ジオエンジニアリングの効果は、場合によっては地球全体に均等ではなく、地域によって差があることが知られています。ジオエンジニアリングによって得られる利益が場所によって異なり、ときには不利益をこうむる地域だってあるのです。また、一つの地域だからといって、そこに暮らす人々の利害が一つということはありません。

そのため、目立って得をする集団が連合して、自分たちに最適なジオエンジニアリングをしてしまうおそれがあるのです。そこまで極端でなくとも、ちょうど排他的に核兵器を保有する「核クラブ」のように、ジオエンジニアリング技術を一部の人々が専有して、取り引きの道具としてつかうおそれがあります。

現在、ジオエンジニアリングに対する日本社会の関心はとても低く、報道されることもほとんどありません。このままでは、何の考えもないまま外国の風向きに流され振り回される日本の現状が、そのままジオエンジニアリングでも再現するでしょう。

ジオエンジニアリング案の多くは、工学的知識を未知の地球システムに適用しようという最先端技術です。

社会に知らされることは多くありませんが、先端を走る技術は絶え間ない試行錯誤のプロセスを経て生き残ったものだけが世にでます。そのときには、最初のアイデアが跡形もなく変わっていることがほとんどです。

ジオエンジニアリングでは、この大事な試行錯誤に欠かせない実験をすることが困難です。でも、だからといって、ゆっくり実験を積み重ねている時間はありません。国連やIPCCの指摘を待つまでもなく、温暖化の進行がもたらす悪影響を避けるにはタイミングが重要です。温暖化対策としてのジオエンジニアリング技術を考えるなら、締め切りを過ぎてからでは意味がないのです。

そこで、ジオエンジニアリングの実施にいたるプロセスをどのように進めていくのかについて、次の章でみてみましょう。

# 第二章　工学のフロンティアに挑む

ここでは、環境を積極的に改変するというジオエンジニアリングの発想の背景と、過去数百年で暮らしを大きく変えた科学技術に対する私たちの向き合い方とをみます。そうして、ジオエンジニアリング技術の中から、私たちの暮らしへ悪影響をもたらさずに目的を達成するものを選択し育てコントロールする必要性と、その方法を考えます。

## 2・1　ガバナンス

### 科学技術の暗黒面

科学技術が明るい未来を約束してくれると手放しで信じていた時代は、「化学者の戦争」とよばれた第一次世界大戦で終わりました。

最初の世界大戦が始まったときには、すでに鉄道という近代技術の象徴である輸送システムが軍事的に重要でした。そのうえ、発明されたばかりの飛行機は爆撃機となり、さらに新兵器の機関銃を装備した戦闘機となりました。膠着《こうちゃく》した塹壕戦を制する目的で戦車が発明され、催涙ガスやマスタードガスなどの化学兵器がつかわれました。口絵①の巨大な宇宙砲のルーツもこのときにあります。無線電話、火炎放射器、塹壕掘削機、そして潜水艦。最新の科学技術が総動員されたのです。

戦いが終わったとき、戦闘員の死者は九〇〇万人、非戦闘員の死者はそれを上回る一〇〇〇万人。未曾有の惨劇をもたらしました。イギリスの海軍大臣・軍需大臣を歴任し戦争を指揮したチャーチルは、「人類の栄光と苦労のすべてが最後に得たものは、自分たちを絶滅させる道具だった」と記しています。

こうして、科学技術の暗黒面があらわになると同時に、さらにそれを拡張する軍事的動機で科学はいっそう発展しました。そして第二次世界大戦。戦闘員・非戦闘員の区別なく大量に人を殺す目的で空からの爆撃がおこなわれ、ついには原子爆弾が広島と長崎で炸裂しました。

戦闘員の死者は三〇〇〇万人、非戦闘員は五〇〇〇万人だったといわれます。当時の世界人口は二〇億あまり。一つ一つ心に沁《し》みる悲しい物語が毎年一〇〇〇万もつづられたのです。

## 科学技術への不信と依存

そして戦後。さらに残酷な兵器の開発が進み、またその平和利用も進みました。毒ガスは農薬に、原子爆弾は原子力発電所に姿を変え、純粋に平和目的の産業さえも公害で人と自然を傷つけました。二〇世紀後半におきた生物学の発展も、生物兵器の威力を飛躍的に高めています。

これが、今の私たちが感じる科学技術に対する懐疑の根っこにあります。あまりに悲惨な結果を前に、科学そのものへの不信感が生じてきたのです。

その一方で、私たちの暮らしが今ほど科学技術に依存している時代はありません。お蔭で、エジプトのファラオやインドのマハラジャ、トルコのスルタン、それに日本の「殿様」にも叶わなかった豪奢《ごうしゃ》で安楽な生活を大量破壊兵器に取り囲まれた中で楽しんでいます。信じられないものに暮らしと運命を託すという矛盾におちいっているのが、現代の私たちです。

しかも、この矛盾を解決することなく、気候変動にも対応せずに、何十年も過ごしてしまいました。その結果、事態は緊急度を増し、課題の解決は困難になっています。

こういった経験から、科学技術の暗部が顕在化しないように舵取りする方法論が提唱されています。遺伝子組み換えやナノテクノロジーなどでも議論されている、「ガバナンス」とよばれる工学的な発想に基づいた仕組みです。

## 村社会の自治

組織や社会を構成するメンバーが、互いに納得できる意思決定や合意形成をする仕組みをつくって自ら運営しようというのが、ガバナンスです。

近代の人間社会では、集団を維持するために強制力のある法律や規則をつくって守らせるというやり方が普及しています。ところが、急速に変化する科学技術に依存した現代社会では、この制度が実情に追いつかなくなっているのです。

これに対してガバナンスは、集団を構成する一人一人が主体的に関与して集団を維持していく

「村社会的やり方」を採用します。村社会で重要な「議論を収束に導く長老の知恵」を構造化して、誰でもが知恵を発揮できるようにしたのです。

このような仕組みであれば変化にも柔軟な対応ができるといわれ、会社や自治体などの組織に「コーポレート・ガバナンス」とよばれ導入されています。そして、直接、社会に応用され大きな影響をおよぼすと思われる科学技術の研究開発についても、このガバナンスが求められるようになったのです。

## ガバナンスの必要性

気候を変えようという技術であるジオエンジニアリングの実行が、社会に大きな影響を与えるのは明らかです。

そもそも、どのような気候に変えたいのかは、人によってまちまちです。深い森がよい人もいれば、砂漠が好きという人もいます。望む気候が隣近所とは違うほうがむしろ当たり前でしょう。ところが気候は、服装のように個人個人の好みで選べません。

その一方で、試算されたコストがあまりに安いために、経済的な問題が実行の障害にならない可能性があります。そうすると、少数のグループ、たとえば干ばつや洪水にさらされた地域の団体、あるいは騒乱目的のテロリストや善意の富豪までもが、隣近所への迷惑や想定外の副次効果などを考えずに、安上がり技術でジオエンジニアリングを一方的に始めてしまうかもしれません。

仮に、どこかの国が一方的に全球工学を実施したとします。このとき、たまたま別の国で雨が降らず干ばつになったら、どうでしょう。嫌なことがおきたら他人を責めたくなるのが人間の常です。キリスト教徒とイスラム教徒、あるいは異民族どうしが対立を深めている現代世界をみれば、これが深刻な争いにつながることくらい誰でも想像できます。

こんなときには、対立をあおって自らの利益にしようという集団だってあらわれます。そうなれば、ジオエンジニアリング実行の気配を振りまくだけで、その影響を受ける別の集団が加勢したり阻止しようとしたりして、大混乱になりかねません。

こういった人間社会の問題から国際的なガバナンスが求められているのですが、それ以上に、地球システムの本質からもガバナンスは必要です。地球システムを構成する各要素は、それぞれ互いにつながっているために、一つの特徴に絞ってピンポイントで変化をおこすことができないからです。

## ガバナンスの体制

ガバナンスでは、社会を構成するそれぞれのメンバーがどのような位置にあるかを明確にするために、メンバーのことを「利害関係者」とよんでいます。そして、さまざまな利害関係者が参加して熟議をつくしてガバナンス実行の体制をつくります。

そこでは、ガバナンスを担当する組織が同時に、ジオエンジニアリングに関する知識を集積する場にもなります。たとえば、ジオエンジニアリングを実行すると「どのようなリスクがあり、その大きさがいくらであり、それをコントロールできるか」、「つかわれる物質の種類と量」、「影響の種類と地理的範囲、時間の特定」、「標的としていない地域への影響があるのかないのか」などの技術的な知識に加えて、「誰が助かり誰は救われないのか」、「利益を得るのは誰か、誰がいくら損するのか」、「利害関係者がかかわる地域社会の文化的特徴」などの、技術を越えた知見も備えていなくては、まともなガバナンスはできません。

こういった知見がないならば、それを取得する体制が必要になります。密かにジオエンジニアリングを実行するものがいる可能性を考えると、それを検出し、定量し、適切に対応する力量もなくてはなりません。

そのうえで、研究開発の際の行動規範を定めることから社会システム上の整合性が満たされているかどうかの判断まで、さまざまな作業を透明性が高く開かれた場で積み重ね、文化など背景が異なる地域社会での調整を経て合意を得ることで、はじめてジオエンジニアリングが実行できるのです。

## オックスフォード原則

ガバナンスの体制をつくり上げる第一歩に、基本的な枠組みの設定があります。明確かつ定量的な野外実験についての具体的ガイドラインは、その一部です。

ジオエンジニアリングの研究を進めるガイドラインの原型例に、二〇〇九年にイギリス議会の要請でまとめられた「オックスフォード原則」があります。それは、①ジオエンジニアリング技術は公共財である、②意思決定には市民が参加する、③研究は開示し成果は公開する、④影響評価は独立になされる、⑤実施の前にガバナンスの体制を確立する。以上五つの原則です。

①は、ジオエンジニアリング技術を公共財としてみなす一方で、民間企業が時機に応じて適切なジオエンジニアリング技術を提供できる態勢は望ましいとしています。②は、ジオエンジニアリング技術の研究開発段階から、可能な限り状況をよく説明して、事前に利害関係者から同意を得ることを求めています。③は、研究開発段階から計画を公表し、結果の如何にかかわらず公開することが肝心だとしています。④は、研究を実施する主体とは別の集団が環境のみならず社会経済面をふくめた影響評価をするよう求めるもので、特定の集団や技術に固執する危険にも配慮すべきとしています。そして⑤は、充分なガバナンスの体制ができるまでは、ジオエンジニアリングを野外で実施してはならないというのです。

このような原則から始めて、いずれ、それを法律や条約で具体的な仕組みにしていくのです。

## 国際的枠組み

ジオエンジニアリングのガバナンスが参考とすべき国際的な枠組みには、海洋投棄に関する「ロンドン条約」、環境改変に関する「環境改変兵器禁止条約」、成層圏オゾン層破壊に関する「モントリオール議定書」、大気中の温室効果ガスに関する「国連気候変動枠組条約」、それに「生物の多様性に関する条約」があります。

しかし、これらの枠組みでは、合意なしにジオエンジニアリングが実行されることを防げません。これらの条約はどれも「気候の人為的改変」を想定していないからです。

たとえば、海にプランクトンの栄養を散布する海洋肥沃化とよばれるジオエンジニアリングがあります（☞7・2節）。プランクトンの栄養といっても、別の見方からすれば鉄スクラップつまりゴミを海に捨てていることにもなり、本来ならロンドン条約が規制している行為です。その野外実験に対して社会が厳しい目を注いでいた二〇一二年の夏、「少数民族の漁業資源を確保する」という名目でカナダ沖に硫酸鉄が大量に散布されました（☞6・3・4項）。

この例にみられるように、既存の枠組みは抜け道だらけです。一方で地球システム理解の進展を遅らせ、他方でリスクや便益の真面目な議論の障害になっているといえます。そこで、対象をジオエンジニアリングに限って研究開発の時点から監視する国際的体制が望まれるようになっています。

## ガバナンスの目的

海洋肥沃化に限らず、どのジオエンジニアリングにも不確かさがあり、リスクを伴っています。しかし、「地球システムの生命維持力劣化」に対して有効な手を打たずにいるのも大きなリスクです。地球システムの微妙なバランスが崩壊する兆候である「ティッピングポイント」がいくつも指摘されていることに、それが象徴されています（☞豆事典「ティッピングポイント」）。

ガバナンスは、ジオエンジニアリングが合意なしに実行されないように地球システムの研究を進め、提案されている個別技術の効果や影響を正しく把握し、実行すべきものがあればその実行を見張ります。また、大規模な争いや食料不足、淡水の枯渇などの緊急事態がおきたとき、その解決にジオエンジニアリングが有効であるならば、それを緊急消火器としてつかえる用意もしておくのです。

具体的には、①ガバナンスの対象となるジオエンジニアリング技術は何か、②誰がジオエンジニアリングの野外実験を監視するか、③どうやって実験の規模を定めるか、④どの規模以上だと監視をするか、⑤ジオエンジニアリングによって抑制される気温を何℃にするか、などについて決めなければなりません。これは、とても厄介です。でも、避けて通れません。放っておけば、経済力と武力を持った集団が、地球に暮らす、すべての生き物にかかわる気候について勝手な我を通してしまうからです。

今、これが現実におきています。持続不可能な浪費を豊かな国が楽しむ結果、大量の二酸化炭素を大気に捨てているばかりか、地球システムの生命維持力劣化を招いているのです（口絵⑮）。

### 人類圏のガバナンス

人類圏では人間社会の決め事が優先します。しかしそれは、大気圏、地圏、水圏を支配する物理・化学の法則にのっとっていることが大前提となります（☞豆事典「圏」）。ところが、それを私たちが充分に自覚していないことが、現代社会が直面している行き詰まり状況の根源にあります。人類圏がほかの地球システムのバランスを崩す恐れがあると認識して、それを地球システムに適合したものに変えていくのです。

これはとても困難な課題です。たとえば、利害関係者の合意を得ること一つをとっても、厳密には不可能です。現役世代でも数十億人。それぞれが違います。そのうえ、何十年あるいは何世紀にもわたる将来世代、ほかの生物の存在。どうやって合意を得ようというのでしょう。だからといって放り出してはなりません。人類圏がほかの圏とやり取りする物質・エネルギーの収支が、ほかの圏が許容できる範囲に収まっていれば目標は達成されるのです。口絵⑯は、それを示しています。

## 2・2　技術評価の視点

ガバナンスの基本となる「温暖化対策としてのジオエンジニアリング案を評価する技術的な項目」には何があるでしょうか。

気候変動への技術的な解決策として、ジオエンジニアリングを一括りにして評価することはできません。それぞれがまるで異なる技術の寄せ集めを、ジオエンジニアリングと称しているに過ぎないからです。ただどれも、現在の温暖化の原因である温室効果ガスを大気に廃棄する社会の構造には手を触れない対症療法だという共通点があります。そこで、この点からの有効性を評価する一般的な視点をあげましょう。

技術一般の評価項目として、①効果、②安全性、③効率、④検証可能性、⑤制御可能性、⑥経済効率性があります。これに加えて、とくにジオエンジニアリングで重視されるべき評価軸として、⑦監視可能性、⑧継続可能性、⑨原状復帰性、⑩非脆弱《ぜいじゃく》性があげられます。正負いずれにせよ大きな副次効果があれば、それにも同様の評価が求められます。

## 効果

温暖化対策技術としてのジオエンジニアリングでは、その目的は「気温上昇の抑制」です。それは、「信頼度の高さ」、「抑制された度合いの空間的広がりや均一さ」、「効果が生じ消滅する時間」、「効果の実施規模依存性」などを知っていることを意味します。

ここで、「効果が生じ消滅する時間」とは「即効性があるかないか」、「効果がどの程度どのくらいつづくのか」という意味です。

## 安全性

安全であることは、どんな技術にも求められる基本です。とくにジオエンジニアリングでは、通常の工学技術にくらべて規模が大きいことから、実験室や小規模野外実験から規模を拡大したときに深刻な問題がおこり得ます。それにも要注意です。

安全性では、効果を予見し検証できることが前提です。意図しない負の副次効果がないこと、なかでも、生き物に対して悪影響がないことに注意する必要があります。生物を構成要素とするシステムは本質的に予知がとても困難だからです。

それから、「安全であっても安心できない」といわれます。ジオエンジニアリングは、暮らしの場が直接操作対象になるため、安心の問題はとても大事です。これは第三章で考えます。

### 三つの「可能性」

検証、制御、監視の可能性は、ジオエンジニアリングの対象が地球システムであるためにとくに難題です。地球システムでは、本格的な実験ができないからです。そのため、意図した効果がどのくらいあるかを検証できないばかりか、「想定していない何かが気候、オゾン層、降雨、海などにおこることは間違いない」とさえいえるのです。

技術者が、これまでの経験や知識を総合し、いくら知恵を絞って実験しても、予想していなかったことがおこるのは技術の世界では日常茶飯事です。ぶっつけ本番なのに全部が想定内というのは技術者にとって、むしろあり得ないのです。

それでも、実験をしなければ何も進みません。このギャップを埋めるのは、卓抜したガバナンスと研究管理、それに技術者の工夫と洞察、そして誠実さに期待するしかないでしょう。

### 継続可能性

継続可能性は、実行上の負担が小さいものを選ぶ視点でもあります。これには、ジオエンジニアリング実行に直接必要な物質・エネルギー・手間に加えて、影響を受ける地域社会がそれを受けいれることもふくまれます。経済的な面はもちろん、各種の用務の分担と指揮系統が明確で、責任の所在が一目瞭然であることも継続には必要です。

具体的には、①「実行するのに、どのような資源をどのくらい必要とするか」という資源制約、②同様の意味での環境容量の制約、③影響範囲、④予測の曖昧さ、⑤他地域への影響、⑥生態系へのリスク、そして⑦選択の適切さを裏づけるデータの取得と公開、などが継続を担保します。また、妨害行為に対する脆弱性についても考えておかないとなりません。なぜなら、継続に求められる負担が大きいほど破壊行為や社会の混乱などで突然停止せざるを得なくなる可能性が大きくなるからです。

継続可能性と密接な関係にあるのが、やめた途端、それまでに溜まった温室効果ガスのために温暖化が急速に再開してしまう「リバウンド」です。リバウンドがとくに懸念されるのは、温室効果ガスにはまったく手を触れず、太陽放射の制御を狙う全球工学と一部の気候制御技術です。リバウンドは依存症にも関係します。依存症は本来、技術的な問題を越えた心の問題なのですが、リバウンドに対する技術的配慮が不充分では、リバウンドをおそれて依存してしまう人もいるのです。ちゃんとした対策を打っておけば、依存症になるのは避けることができるはずです（☞2・3節）。

**原状復帰性**

原状復帰性は、実施後に問題が生じるなどして中止しようとしたときに、それが現実に可能か否かを問う評価項目です。

たとえば口絵②の小惑星粉砕ばらまき案では、予期しない欠点が見つかって元に戻そうとしても、それは不可能です。

何しろ地球はただ一つの私たちの暮らしの場ですから、これは大事な判断基準です。「取り返しがつかないものはダメ」なのです。口絵③は、太陽を押しやって涼しくしようとしたのに、太陽が遠くなりすぎたために氷漬けで身動きが取れなくなった様子です。原状復帰性の重要さをユーモラスに訴えています。

## 副次効果

副次効果の中で、常に議論されるのが、海の酸性化と気候への負の副次効果です。これは、多くの場合、全球工学が対象です。

海の酸性化は二酸化炭素が海に溶けこむことでおこりますから、太陽の光を遮るだけでは海洋の酸性化は止まりません。一方、気候への影響は複雑です。地表面には凹凸があり、太陽の光を反射する割合もいろいろです。しかも、一日の半分は夜で太陽は姿を隠してしまいます。ですから、光を遮ったからといって気温がどこでも同じようには下がりません。

そのうえ、太陽の光は地表を温める働きのほかにもいろいろあります。たとえば、雨の降り方が変わることがあります。これは、陸と海とで温まり方が違うこと、それに、大気の循環が影響を受けるからです。さらに、全球工学で太陽光が弱まるために新たにおこることにも注意しなければなりません。私たちは、地球システムについて、ほんの少しだけ、その原理をようやく理解するようになってきたばかりなので、思わぬことがおこっても不思議ではありません。

## 2・3　モラル・ハザード

ガバナンスでの大きな課題として、技術評価項目についてみてきました。次に、工学的な枠組みでどこまで立ち入れるか難しい課題として、「モラル・ハザード」とよばれるものをみましょう。

### すでにおきているモラル・ハザード

「ジオエンジニアリングによって温暖化を抑制できるようになると、それに安住してしまい、ますます化石燃料を燃やすことになる」という考えがあります。これをモラル・ハザードとよんでいます。

モラル・ハザードは、私たち人間にとって決して望ましくないけれども避けられない性《さが》です。そこで、この観点からジオエンジニアリング研究に反対する意見があります。

モラル・ハザードは元々、保険業界でつかわれていた言葉です。たとえば、自動車保険で交通事故の損害が補償されるとなった途端、事故防止への心がけが弱くなって、かえって事故がおこるようになることを指していました。

ジオエンジニアリングでは、もっと厄介なモラル・ハザードがおこり得ます。

放射性廃棄物を適正に処理する方法がないのに、将来の可能性に頼って原子力発電を推進するというモラル・ハザードがすでにおきています。これにならって、ジオエンジニアリングの可能性に依拠して、現在の二酸化炭素の大気への廃棄をやめる努力を怠ってしまうモラル・ハザードです。CCS（☞7・3節）とよばれる二酸化炭素を貯留する技術に過剰な期待を持ってしまうのは、そのあらわれです。

## 正邪の判断

こうなると、どうしてもモラルについて少し考えなくてはなりません。何が正しく何が邪悪であるかを、どうやって決めるのかです。

改めていうこともないのですが、正邪に絶対的な判断基準はありません。もちろん、正邪の判断には、教育、宗教、民族などの違いを越えた人類共通の部分があります。それでも、判断する基準が人により、集団により、文化により違いがあるのも事実です。

この判断基準に、私たちには耳慣れない「善悪両面効果の原則」という、キリスト教社会で知られた考えがあります。「よい結果を意図した行為であれば、意図しなかった悪い結果を生じても赦《ゆる》される」とする考えです。

「殺されそうなときの自己防衛が結果として相手を殺してしまう」というケースに対する、一三世紀のイタリアの神学者トマス・アクィナスによる判断基準で、キリスト教の影響を受けた文化で共有されています。明治維新以降、ヨーロッパの法制度を取りいれて法体系をつくった私たちにも、原則そのものはさておき、「正当防衛」の考えは馴染みがあるでしょう。

心の内面を問う

この原則によると、たとえば、「漁業資源の増加をめざして漁礁用に廃車を沈める」のは善であるのに、見かけはまったく同じ行為でも「処分に困った鉄スクラップである廃車を海に捨てる」のは悪となります（☞7・2節）。

二〇一五年、アメリカのロードアイランド州が、ジオエンジニアリングの実施を禁じる法案を準備しています。アメリカの中でも一番自由主義的といわれる州らしい動きです。その案では、大気中の二酸化炭素を捕集する目的で草花を育てると有罪で、花を愛でるつもりで鉢植えに水をやるのは無罪です。

何と奇妙な案と思われるかもしれません。でもこれが、「善悪両面効果の原則」がどれだけ西洋社会に根差しているかを象徴しているのです。もちろん、一八世紀以降の西洋道徳哲学では、広く帰結主義とよばれる「行為や制度の善悪を結果で評価する考え」もあらわれています。ただ、それよりも以前の時代から、西洋文明には動機や意図で善悪を仕分けるという考えがあるのです。

複雑な地球システムでは、一つの行為が時間や場所などによってさまざまな結果をもたらします。ですからそれを、よい結果とするか悪い結果とするか人によって違って当たり前でしょう。そのうえに、行為そのものではなく、背景にある意図によって善悪を判断するという善悪両面効果の原則には、それを受けいれる文化と馴染みがない文化とが存在するのです。

ジオエンジニアリングは、モラルに関する厄介な課題を私たちにつきつけています。

## わかっていてもやめられない

二酸化炭素を大気に捨てることが私たちに悪い結果をもたらすことはすでに知られており、アメリカは二酸化炭素を大気汚染物質に指定しています。その一方でアメリカは、大量の二酸化炭素を大気に捨てています。つまり、悪いと知っていながらやめないのです。これは依存症といえるでしょう。なぜ、依存してしまうのでしょうか。

技術評価でリバウンドを取り上げました。リバウンドは技術的な問題であり、技術による解決が可能です。ところが、リバウンドがあると知っていると、それが恐ろしくてやめられず、依存してしまうことがあるのです。

この問題の根っこにあるのが、何にでも技術的解決を求める私たち現代社会の風潮です。ジオエンジニアリングの提案自体、この依存症の結果だとさえいえます。

技術依存症をおこす人の内面はさまざまです。なかには、ジオエンジニアリングを実施し、それに乗じて気ままに化石燃料を燃やそうという思惑の人もいるでしょう。ジオエンジニアリングを実施している組織が巨大であれば、それだけでやめられなくなることもあります。また、現在の支配的な体制を変えることでおこる社会問題を理由に、すでに依存症になっている人から説得されると、それに負けて自分も依存症になってしまいがちなのも私たちの特徴です。数百年という時間でみれば誰の目にも明白な持続不可能な石油依存文化、原発漬け経済から脱却できない私たちを考えると、これは心しなければなりません。

# 第三章　私たちの果て

前章では、ジオエンジニアリングが私たちにとって益をもたらすように舵を取る方法について、工学的な側面からみてきました。また、温暖化を抑制する技術としての評価項目についても考えました。こうして、つかい方によって温暖化対策に役立つ技術となれば、次は私たちの選択、つかうかつかわないかが大事になってきます。選択の根拠となる知恵が問われるのです。

## 3・1　科学への違和感

### ジオエンジニアリングの選択

科学と技術がある程度を越えて発展すると、「早くつかいたい」というのではなく、「つかうか、つかわないか」の判断が求められるようになります。医療技術には、そのような例が多くみられます。ジオエンジニアリング技術も同じです。

ただ違いもあります。医療分野では、技術の影響がおよぶ範囲が限られているために、当事者の判断だけで選択できる場合も多いようです。ところがジオエンジニアリングの場合には、そうはいきません。

ジオエンジニアリングの際立った特徴に、社会的文化的な広がりの奥深さがあるからです。そこに、「つかいたい、つかいたくない」を決める拠《よ》り所を定める難しさがあります。利害関係者が多いだけでなく、自然に対する見方や科学との向き合い方まで問われるために、合意がとても困難なのです（☞第二章）。

## 不信と身勝手

地球の気候を意図的に変えようというジオエンジニアリングの発想は、ほかの技術提案にはみられない特有の反発を招いています。その一因には、口絵に示したような「とんでもないアイデア」が多数あることや、これまでの雨乞い師に多くのインチキがあったことがあるのでしょう。また、ジオエンジニアリングの発想が、地域やコミュニティの違いを無視した尊大な発想とも感じられるからでしょう。その胡散《うさん》臭さには、現在の世界秩序を維持しようという先進国の強欲臭さえ混じっているのかもしれません。

でも、そればかりではありません。もっと根深い問題があるように思います。科学の発展を支えてきた根本的な考えでありながら私たちが納得していないものを、ジオエンジニアリングに感じるからです。

二〇世紀におきた戦争の高度な残虐化は、科学技術がもたらしました。それに根差した科学に対する私たちの不信感は、すでにみてきました（☞2・1節）。科学に対する私たちの姿勢には、もう一つ別のものがあります。都合の悪いことは無視して有益な部分だけをとる「いいとこどり」です。

科学が明らかにする都合の悪い事実と、それに私たちがどう折り合っているのかについてみてみましょう。

## 地球機械論

今日のように科学技術の成果が暮らしを豊かにするようになった背景には、過去数百年にわたる科学の発展があります。

近代合理主義の開祖とされる一七世紀初頭に活躍したイギリスの哲学者フランシス・ベーコンは、人間には自然を支配する権限があると唱えました。そして、支配力の源が知識にあるとして「知は力なり」という言葉を残したのです。このときにつかわれたラテン語の「知」が「科学」の語源になっています。

ところが、その後の科学の発展をもたらした発想に私たちは馴染めません。それは、「この世界は機械仕掛けであり、私たち人間をふくめ生物も例外ではない。生物は、分子という部品で構成された機械に過ぎない」という世界観・生命観です。

この広く機械論とよばれる考えを指導原理として、過去四〇〇年ほどの間に科学は大発展しました。そして二一世紀に入った現在でも、生命や地球システムの解明など多岐にわたる分野での発展を、この原理が支えています。それを象徴するのが、望むとおりの性質を持った人工生命を部品の組み合わせでつくりだす「アイジェム」です（☞8・1節）。

ジオエンジニアリングは、地球を機械と考える発想の果てにある技術です。理屈では、その通りでしょう。私たち人間も地球システムも複雑な機械なのでしょう。ところが、自分はおろか自然も機械なのだという考えを多くの人が嫌います。それを不都合と感じるのです。

## 不都合な事実を無視した大失敗

二〇世紀に存在した社会主義国家ソビエト連邦では、社会主義の理想から「生物の性質が遺伝に束縛されている」という事実を、不都合なものとして否定しました。

この「反科学」思想を実際の農業に適用した結果は惨憺《さんたん》たるものでした。ソビエト連邦はもとより中国や北朝鮮でも、度重なる飢饉《ききん》がおこりました。

そのため今では、「生物の性質が遺伝に束縛されている」ことを農業分野で否定する人はいません。好むと好まざるとにかかわらず、事実を事実として受け入れているのです。

では、私たち人間の性質はどうでしょう？　「子供の可能性は無限」という考えは科学的ではありません。「人の命の重さは地球よりも重い」と同じ修辞的表現だと承知していればよいのですが、文字通り受け取ったら間違ってしまいます。

しかし、根強い支持があります。そうあってほしいのは私たち共通の感覚です。私たちの心は、人間が獣の一種であり、遺伝によって人間になっているという事実を認めたくないのです。

## 3・2　失われた自然

ジオエンジニアリングへの反対論として、「自然を変えるとは神への冒瀆《ぼうとく》だ」というのがあります。ところが実際には、私たちは自然を変えてきました。とうの昔に自然はなくなっています。これも、認めたくない不都合な事実のようです。

### 人間活動で消えた自然

汚《けが》れない自然そのものにみえる北極の海水にも、ほかの海と同様、農薬がふくまれています。カーテンなどにつから難燃剤もあります。人間活動でつかわれた化学物質が大気と水を介して極北の地に流れついているのです。そのため、そこで暮らすシャチは世界で一番汚染された哺乳動物になりました。

海水でさえそうですから、流動性がいっそう高い大気では人間活動による廃棄物が隈《くま》なく広がっています。二酸化炭素はその代表です。大気も自然ではないのです。

その不自然な空気を毎日吸っている私たちの体も当然、変わってしまいました。今では、すべての日本人の血液に多種多様な人工化学物質がふくまれています。

大気が変われば、気候も変わります。人間の手が入っていない自然はないのです。

ところが私たちは、「自然を変えるなどといった大それたことをしているはずはない」といって事実を認めません。

## 家畜飼育場――都会

人間が地球システムを変えてきたのは、まぎれもない事実です。私たち人間は、「自然」を変え、まったく違った風景をつくりだしたのです。

たとえば、二〇一五年の夏にでた報告によれば、もし私たち人間が地上に現われることがなかったなら、南北両アメリカでの哺乳動物相の豊かさはアフリカを上回り、ヨーロッパもそこそこ豊かだったはずなのだそうです。

ところが、私たちの関心は目の前の暮らしの改善にだけ向けられていて、それに伴うほかの変化には長い間、気づかなかったのです。その変化に気づいたのはわずか三〇〇年前のことでした（☞豆事典「人類圏誕生の自覚」）。それも、ごく少数の人たちでした。

圧倒的多数の人々は、相変わらず、快適な暮らしを追い求めました。そして今や、周囲の環境が丸ごと人工化した「都市」とよばれる空間、いわば動物園で多くの人が暮らすようになりました。二〇一〇年には、都市で暮らす人の数が世界人口の半分を超えたのです。

かつて、食料生産に携わらない都市の人間を「家畜化している」と揶《や》揄《ゆ》していました。今やそれどころではありません。食料が餌になったばかりか、生活空間そのものが家畜飼育場になっているのです。

## 人類圏の自立

「地球のみならず自分の体の成分もすでに変わっている」。これは確かに不都合な事実でしょう。いつまでも、「手のつかない自然」があるように思いたいからです。それで、意図的に気候を変えると聞いただけで反射的にジオエンジニアリングに反対するのです。もはや私たちは、地球システムという母親の胸で眠る赤児《あかご》ではありません。限られた地球システムの中で人間活動がここまで大きくなったからには、生物圏と同様、自立しなくてはなりません。ほかの圏に依存できないからです（☞豆事典「圏」）。

## 適正規模の人類圏

限られた物質で成り立っている地球システムに、これまでとは異なる法則で駆動する新たな圏をつくるには、その規模に上限があります。太陽系の第三惑星であり、四六億年という固有の歴史を持つ地球に暮らすという事実を受け入れて、無限の願望と有限の現実との折りあいをつけ、口絵⑯に示した地球システムに適合した人類圏とするしかないのです。

すでに、いくつかの点で私たち人間の活動が地球システムの限界を越えているといわれています（☞豆事典「ティッピングポイント」）。淡水消費もその一つです。水争いが命がけの戦いになり、世界的食料不足が数年のうちにおこるともいわれています。

その昔、中国で官僚をめざす人々が学んだ書物「礼記」には、「国に九年の蓄えなきを不足といい、六年の蓄えなきを急といい、三年の蓄えなきを国その国にあらずという」と書いてあるそうです。

現在、世界の食料在庫はたった数か月。グローバル化した食料貿易のもと、余裕のない綱渡りを何十年もつづけているのです。

限界を越えているという指摘の中には、間違っているものもあるでしょう。しかし、そのうちの一つでも事実だとすれば、それだけで巨大なリスクです。多大な犠牲を伴う危険を冒してまで限界に迫る必要など何もないのです。

むしろ、これらの警告に一切耳を貸さないのでは、遺伝という事実を不都合なものとして認めなかった社会主義国の二の舞いになる可能性があります。そんなことをしていたら、資源もエネルギーも手に入らないときが必ずやってきます。

## 3・3　現代文明の不義――未来に託す負の遺産

不都合な事実は認めない一方で、私たちは科学をつかって自分たちの責任を他に押しつけています。現代の科学技術は、過去の遺産をつかい尽くすばかりか、未来に負債を残しているのです。

過去の遺産をつかい尽くしている例は、数億年という長い間蓄えられていた石炭を一瞬で煙にしていることです。

未来に残す負債はどうでしょう。たとえば、放射性廃棄物です。その安全な処理には一〇万年の時間がかかります。一〇万年前、私たちホモ・サピエンスはアフリカで暮らしていました。アフリカをでて世界に広がりはじめたのは、それから数万年もあとのことです。もちろん、当時、日本列島には誰一人いませんでした。それくらい長い間、私たちの子孫は、現代の危険な廃棄物を何の見返りもなく管理するのです。放射性廃棄物は、私たちが遠い未来にわたって残す負債です。

数万年という想像を絶する長さでは、かえって説得力がないとお感じになるかもしれません。では、事故をおこした原発の廃炉に三〇年あまりかかるというのはどうでしょう。急速に社会が変化している現代、三〇年の時間は違った世界をつくります。原発の恩恵を受けている私たちの世代と、それを廃炉にする世代とは違うのです。三〇年前には、まだ八インチのフロッピーディスクがつかわれていました。今の若者は、見たことさえないでしょう。

二酸化炭素の大気への廃棄は、三〇年ではすみません。数百年は大気中にとどまるといわれています。

現代の欲望を満たすときに生じた二酸化炭素を大気に捨てっぱなしにした始末を、何世代にもわたる未来に託すという考えは正しいのでしょうか。

## 3・4　科学を僕《しもべ》に

ここまで、不都合な事実に蓋をして、科学への不信を抱えたまま正義に反する行為をつづけてきた様子に触れました。次は、都合・不都合はさておき、未来におこる事実をみてみましょう。

あと五〇億年もすれば、太陽は水素を燃やし尽くして膨張し、地球は焼かれてしまいます。それより早い今から一五億年後には、プレートの沈みこみで海水が失われ海がなくなるといわれています。さらに早い一〇億年後には、太陽の放射が今より一割増加しており、地表はおよそ七〇℃の気温暴走ティッピングポイントに達します。するとあとは、あれよあれよという間もなく金星のようになるといわれています。

いずれにせよ、「この世界は一〇億年単位の未来には存在しない」のです。

もっとも、そんな先のことを心配する前に人間の生物種としての寿命のほうが先にくるでしょう。もしかするともっと早く、凍える寒さに凍死してしまうかもしれません。今は間氷期で暖かい気候がつづいています。でも、いずれ氷期がやってきます。氷期がくる前の一瞬、人工的な温暖化が現在おきているだけだからです。

## 時間と空間を見通す

こういったことは、時間をちゃんと仕分けないと頭が混乱してしまいます。

今問題なのは、今おきていることです。いつか必ずやってくる氷期をあてにして今の問題を先送りにするほど愚かなことはありません。屋久島の縄文杉は、芽をふいた多くの仲間の中でただ一樹、生き残りつづけたからこそ巨木になったのです。

ピナツボ山の噴火が地球を冷やしたことを一つの根拠にして、全球工学の提案がされています（☞1・2節）。ところが、火山の噴火は長い目でみると温暖化をおこすようです（☞豆事典「火山噴火と生物の歴史」）。

そうだとすれば、目先のニンジンに心を奪われて飛びつくと、太陽を遠ざければ涼しくなるとい

**図3-1　我々はどこから来たのか　我々は何者か　我々はどこへ行くのか**

フランスの画家ポール・ゴーギャンによる油絵（製作：1897年～1898年）。ボストン美術館所蔵。

う、素朴なジオエンジニアリングの失敗を描いた口絵③のようなことになってしまうかもしれないのです。

## 宇宙の存在を知る存在

三〇年近く前、私は時間と空間の意識がホモ・サピエンスよりも進化した人間としてホモ・サピオテンプスという概念を提唱しました。それ以来、残念ながら、そんな進化はまったくおこらず、おきたことといえば、地球の生命維持力の劣化が誰の目にもみえるようになっただけでした。私たちは、ほんの目先のことだけに我を忘れてしまう無知な人間、ホモ・シーネサピエンスへと退化しているようです。

自らを、「ヒトとよばれる生き物の中でも賢い」という意味のホモ・サピエンスという名前でよんでいる私たち人間は、四〇億年の長い生物進化をへて地球にあらわれました。

これまでに地球上に誕生した生物種の数は億に達するかもしれません。ホモ・サピエンスは、その一億種類分の一種類です。でも、私たち人間にしかできないことがあります。それは、「自分たちの由来を知ろうとしている」ことです（図

3-1)。しかも、わずか数百年で少しは成果をあげているのです。
この活動は、私たちが知る限り、太陽系はおろか、この宇宙でもユニークです。

## 知性を伝える

多細胞生物の細胞には、自ら死んでいくアポトーシスとよばれる仕組みが備わっています。もしかすると、私たちの中に生物種としての寿命を定めるアポトーシスのような仕掛けが組みこまれていて、いつか滅びるときがくるのかもしれません。

そんなものは幻想だとしても、太陽の寿命がつきるためか、海が消滅するためか、今の文明はいずれ滅びます。そうであれば、大事なのは、滅びるか滅びないかではなく滅び方になります。

生物種の絶滅では、それまでに存在していた生物が、それ以降には化石としてみつからなくなるのです。そのとき、その生物は完全に地上から消えたのかといえば、そうではないのかもしれません。ほかの形の生物に命をつないだ可能性があります。実際、生命そのものは四〇億年という時間、生きつづけ進化してきました。四〇億年といえば、多くの星の寿命を上回る長さです。そうであるならば、これまでに私たちが獲得した「知」を次の知性に伝えることだってできるはずです。

## 科学はインフラ

遠い未来はいざ知らず、現在の科学で理解できるものは、エネルギーと物質につきます。それは、私たちの意識を支える基盤、いわばインフラです。このインフラをつくりあげ、意識を支えている物質には、それぞれ固有の性質があります。

そもそも、星にとっては低温といえる一万℃でも、物質は分子として存在できません。それは極端な話とお感じになるとしても、生命現象の根底にある化学反応を制御している酵素の基本であるタンパク質は、その働きを発揮できる温度範囲は一〇〇℃程度です。ごく狭い低温の世界でしか活躍できません。しかも私たち人間は、限られた知覚の中でも視覚に偏って外部世界を認識しています。こういったことは私たちの認識そのものに、さまざまな制約を課しているに違いありません。ですから、私たちの意識は完全に自由ではなく、何らかの束縛を受けており、限界だってあるはずです。それは未知であり、これから解明されることでしょう。

ただ、「食べ物は私たちの体をつくってくれるけれど、それで個々人の知性や性格が決まるわけではない」ということは明らかです。食べ物を食べなければ生きていくことはできません。でも、それですべてが決められているわけでもないのです。

これと同じことで、物質とエネルギーでつくられた地球システムは、生き物が暮らす舞台です。そこは、私たち人間が知性や性格を表現する「場」なのです。いろいろな制約があるものの、舞台の様子を知れば知るほど、私たちは自由に個性が発揮できるのです。

## 科学をつかいこなす

そのために、科学の方法論で明らかにできる事実はトコトン追及して、それがもたらす制約を踏まえたうえで、心の満足が得られる選択をするのが肝心でしょう。

これまでの数百年、不都合と感じられるものにすぐ蓋をしてしまい、科学の成果を都合よくつまみ食いをしてきたから、それができないだけです。ジオエンジニアリングに対する問答無用の一方的否定が社会にあるとしたら、それは、科学に対する私たちのご都合主義があらわれているのです。

複雑な社会や心の課題を技術で解決しようとする現代社会の果てに、ジオエンジニアリングという提案があります。それも、私たちの活動を支えている地球システムについて何も知らずに、学ぶこともなく過ごし、いよいよ地球の生命維持力劣化が誰の目にもみえるようになってからの提案です。

科学は私たちの支配者ではありません。私たちの存在を支えるインフラである物質とエネルギーの事実を知らせてくれる下僕です。上手につかって未来を選択する道具にするのです。

ほかの星の生命はさておいて、地球に生まれた生き物に限っても、自分たちの運命を自ら決めることができたものはいませんでした。それが今できる私たちは、とても幸運だといえるでしょう。

ジオエンジニアリングから私たちが考えるべきことは、それを実施するか否かではなく、ご都合主義をつづけ未来に負債を残すのか、それとも、産業革命以降の人間社会のあり方そのものを問い直し、壊滅的破綻を回避して真に持続可能な社会に復帰するのか、なのです。

屋久島の一樹になる道を選ぶか、消えた万《よろず》の幼樹の道を選ぶかです。

第II部

# ジオエンジニアリングの現場

とんでもなけりゃ脈もない

——アルバート・アインシュタイン

ここでは、多種多様なジオエンジニアリングの提案について、その内容を個別にみていきます。各技術の記載順はI部と同じですが、順に読む必要はないようにしました。お好きなもの、興味のあるものを自由に拾ってご覧ください。

巻末にある附表❷から附表❹は、これまでに提案された技術の概略をまとめたものです。また、さまざまな捕集貯留技術の関連を附図としてまとめてあります。とくに技術の詳細を必要としない読者は、これらの附表と附図とで、大要はおわかりいただけるでしょう。

一方、技術上の詳細をお知りになりたい読者の便をはかって、本文中の語句がインターネットを利用した検索のキーワードとして利用できるように表現上の工夫に努めました。お役に立てばと願っています。

# 第四章　全球工学

全球工学は、温室効果ガスが増加した分、上空で太陽放射を跳ね返して相殺してしまいます。直感的にわかりやすく、即効性がある提案です。

太陽光を遮るという全球工学の特徴は、いくら温室効果ガスが増えても地球を温めずにすむということです。これだけに着目すれば、とてもよい妙案に思われます。

ただ、忘れてはならない事実があります。それは、地球の循環システムは太陽が与えてくれる恵みにあわせて、何十億年という長い時間をかけて進化し発展してきたことです。その恵みを減らしても悪影響がないことだけは、慎重に確かめなければなりません。

## 4・1　太陽の光を遮る全球工学

### 4・1・1　宇宙に日除けを打ち上げる

宇宙に打ち上げる日除けのイメージは、第一章に示した図1－1にあります。また、口絵②と口絵⑪にも示されています。具体的にはいくつかの異なる提案がありますが、多くは日除けを置く場所と日除けにつかう材料とその形の違いです。

実施場所は、二つあります。一つは太陽と地球を結ぶ直線上で互いの引力が釣りあっているところです。ここはラグランジュ点とよばれ、高度一五〇万キロメートルです。もう一つは高さ数十キロメートルの成層圏です。ずっと地球の近くになります。

口絵②は、火星と木星の間にある小惑星帯で小惑星を捕獲し、ラグランジュ点まで運び、そこで小惑星を砕いてばらまくと太陽の光が遮られるというものです。

一方、口絵⑪は、地球の近くに巨大な日傘を設置し日陰をつくろうというのです。このアイデアの原型は、ドイツのロケット工学者ヘルマン・オーベルトが一九二九年に提案した「宇宙に設置した巨大な凹面鏡」のようです。オーベルトは、この凹面鏡で北極の海氷を融かしたり作物に陽をあてたりできるとしたのです。二〇〇二年に公開された007シリーズの『ダイ・アナザー・デイ』で太陽光兵器「イカルス」をご覧になった方がいらっしゃるかもしれません。

日除けに、小惑星でも巨大日傘でもなく、直径六〇センチメートルの薄いガラスの円盤をつかい、それを一六兆個も宇宙に打ち上げるという案もあります。

どのような日除けにするか、さまざまな案があるわけです。

宇宙日除け共通の特徴は、いったん日除けを配置すれば、あとはあまり手がかからないことです。

## 4・1・2 成層圏にエアロゾルを散布する

五十代以上の読者だったら覚えていらっしゃるかもしれません。一九七〇年代の半ばには、「氷河期がくる」といわれていました。当時、沢山の関連する本がだされ、まとめて「氷河期本」と称されるほどでした。

確かに当時、地球の温度は下がっているようにもみえたのです。でも、氷河期は訪れず、逆に温暖化が始まりました。

今では、なぜ気温が下がっているようだったのかがわかっています。成層圏エアロゾルが原因だったのです。天然の成層圏エアロゾル層は、大部分が過冷却した水和硫酸からなっています。この硫酸は、おもに火山の噴火によって舞い上がる噴煙中の二酸化硫黄が大気中で酸化されてつくられます。

天然のエアロゾルだけでなく、一九七〇年からの二〇年間にアメリカが排出した大気汚染物によるエアロゾルも、世界規模で地表気温が低下した一因であったという報告があります。

この成層圏エアロゾルを、地球を冷やすのに利用しようというのです。

成層圏エアロゾル散布は、たとえ大気中の二酸化炭素濃度が倍になっても、技術的にも経済的にも温室効果を帳消しにできるとされることから、ジオエンジニアリング技術の中でも有望な案とされています。

二〇〇九年にはロシアで野外実験が行われ、所期の目的を達したという報告がでました。そして二〇一一年、ロシア科学アカデミーが主催し、世界気象機関、国連環境計画、ユネスコが協力した気候変動に関する国際会議が開かれました。七〇〇人もの参加者があった会議で、いろいろなジオエンジニアリングの中でも望ましいとされたのが、この成層圏エアロゾル散布案です。

エアロゾルをつくる種《たね》は、二酸化硫黄に限りません。二酸化チタンや鉱物も提案されています。その中で二酸化硫黄は、自然界でもエアロゾルの種となっているうえに、コストの面でも優れているとされているのです。

エアロゾルを散布すると空がわずかに白っぽくなります。テレビで目にする「PM2・5で霞んだ北京の空」ほどではありませんが似た現象です。ほとんど気づかない程度であり、天体の写真を撮る際に露光時間が長くなるなどの問題がありますが、多くは馴れの問題とされています。

## 効果は噴火で実証されている

一九九一年、フィリピンのピナツボ火山が噴火し一四〇〇万トンもの二酸化硫黄を大気に放出しました。その一部は成層圏にまで達し、全球規模の硫酸エアロゾル層を形成し何か月も残留したのです。そして翌年、地球の気温が約〇・五℃下がりました。これがすべてエアロゾルによる効果だったかは定かではありません。しかし、密接な関係があることは確かです。

たった一年で気温の低下が観測されたという成層圏散布の即効性は、急速な気候変化に追いつくことができない生物を守る可能性があります。これは大きな利点です。おそらくこれが一つの理由になったのでしょう、パンダマークで知られる世界自然保護基金が、二〇一二年の九月にジオエンジニアリングの研究を支持すると発表しました。

エアロゾルの効果は数年でなくなってしまいます。これは一見、欠点のようですが、何か思わぬ問題が生じた場合などには、単に散布をやめてしまえば元に戻るのですから、都合よいことともいえます。

## 安さも魅力

成層圏までの輸送手段としては、航空機、宇宙砲（口絵①）、気球で持ち上げたホースなどが提案されています。そこで、さまざまな案について年間一〇〇万トンのレベルでエアロゾルの種を成層圏に輸送する場合のコストが試算されました。その結果は、「実行する技術はある」、「これだけの量を毎年輸送して散布すれば、今後五〇年間、人間活動が大気に廃棄している温室効果ガスによる温暖化を帳消しにできる」、「そのコストが年間八〇億ドルを下回る技術が複数ある」というものでした。

これに異論がないわけではありませんが、八〇億ドルはアメリカの名目GDPの〇・〇五％に相当し、国連環境計画や世界銀行が試算した「温暖化のために途上国で発生する適応費用」であり、二〇一五年の暮れに採択された、温暖化防止に関するパリ協定での途上国資金支援の基準にもなっている年間一〇〇〇億ドルの一割です。成層圏エアロゾル散布案は、とても安上がりだといえます。

また最近、エアロゾルを成層圏へ送りこむ自然の経路が見つかっています。これを利用できれば、コスト計算自体が無意味になるかもしれません。輸送自体はタダになるからです。それは、熱帯太平洋西部に生じるヒドロキシ・ラジカルがふくまれない円筒状の空気塊です（図4－1）。

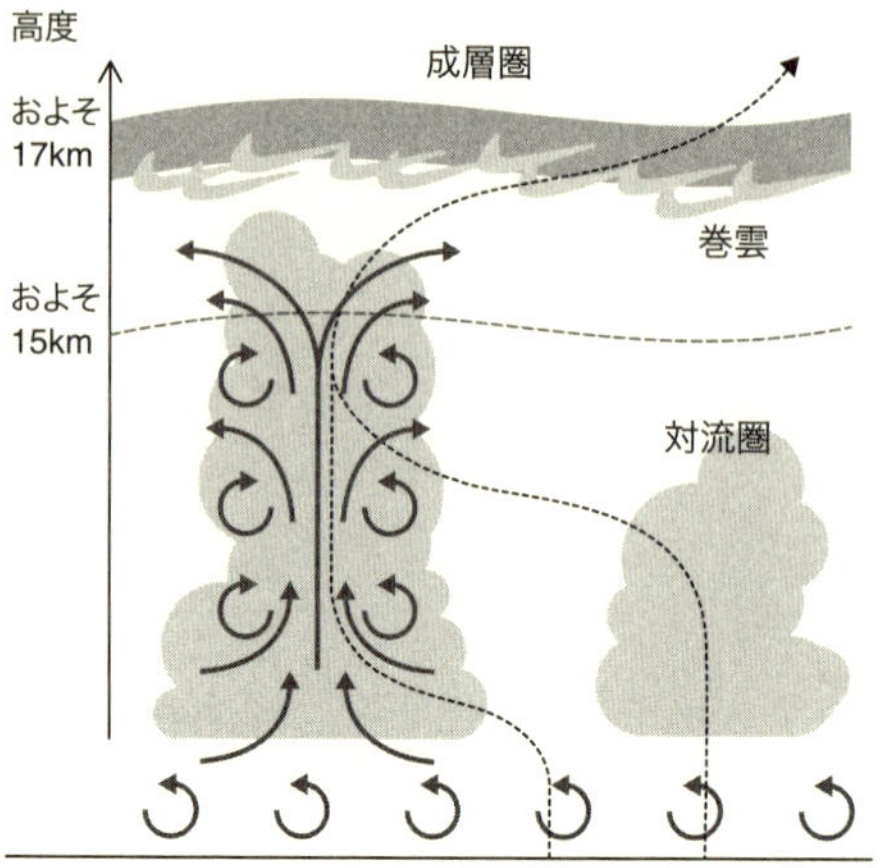


**図 4－1　熱帯太平洋西部上空に生じる成層圏エレベーター**

成層圏に達するヒドロキシ・ラジカルが少ない空気の柱は、エアロゾルを成層圏に運ぶエレベーターです。対流圏に空いた穴のようなので、ヒドロキシ・ラジカルをあらわす化学式 OH を用いて「OH ホール」とよばれています。Alfred-Wegener-Institut のホームページ（http://www.awi.de/en/news/press_releases/detail/item/pm_rex_englisch/?cHash=ecd60c977412933e6f4d3da0ec9e481e）に掲載されていた図を参考に作成。

ヒドロキシ・ラジカルは、活性酸素の一種で、地表面で発生する各種化合物と反応し、それを取り除いてしまう働きがあります。エアロゾルを構成するさまざまな化合物はもちろん、温室効果ガスであるメタンも取り除く掃除屋です。ところが、太平洋赤道域での緯線に沿った大気循環であるウォーカー循環が熱帯太平洋西部で上昇気流となるとき、そこにはヒドロキシ・ラジカルがふくまれていません。太平洋の東から西へ長い距離を風が吹くうちに、ヒドロキシ・ラジカル自身が消滅してしまうからです。そのため、この上昇気流にエアロゾルが舞いこむと、エアロゾルは取り除かれずにそのまま成層圏に直達し、一気に全球にエアロゾルが広がるのです。

### 4・1・3　逆ジオエンジニアリング

火山の噴火後、数年間は地表温が低下することはピナツボ山の結果から広く知られるようになりました。この火山噴火による短期的な冷涼化の被害としては、一八一五年四月におきたインドネシアのタンボラ山大噴火によるとされる「夏のない年」が有名です。このとき、スイスでは多くの人が餓死しました。そしてレマン湖畔に逗留していたメアリー・シェリーは、絶え間ない雨に降りこめられてしまい、あのやりきれないフランケンシュタインの物語を書きました。

このような異常気象を防ごうというジオエンジニアリング案があります。短寿命の温室効果ガスを大気に散布して冷涼化に対するカウンターパンチとするのです。

ピナツボ噴火の三倍の規模を想定して、その効果を帳消しにする分の温室効果ガスを散布するシミュレーションでは、このような「逆ジオエンジニアリング」でも、技術、経済、倫理といった諸々の問題が通常の全球工学と同様におこるという結果を得ています。

## 4・2　エアロゾル注入プロジェクト

英語の頭文字から「スパイス」と名づけられた、成層圏エアロゾル散布に関する総額二億円の研究プロジェクトが、二〇一〇年からイギリスで進められていました。それが、二〇一一年一〇月に最初の小規模野外実験をする段になって、関係者の反対で中止されました。

反対の理由は、①効果を予想する際に緯度や季節による違いを充分取りいれていない、②オゾン層への悪影響がある、③アフリカとアジアのモンスーンに影響し食料と水の供給に支障を生じる可能性がある、というものでした。

スパイス実験そのものは規模も小さく、モンスーンに影響を与えることはないのです。しかし、こういった実験が行きつく先に、さまざまな悪影響をもたらす可能性があることを心配する声があったわけです。スパイス野外実験は、結局、翌年の五月にキャンセルされました。

野外実験ではなく、気候モデルをつかったシミュレーション研究のほうは進んでいます。やはり頭文字から「ジオミップ」と略称される「ジオエンジニアリングの効果を気候モデルで相互に比較する国際プロジェクト」は、二〇一一年に始まった各種ジオエンジニアリング技術の効果を比較する最初の試みです。その当面の検討対象が成層圏エアロゾル散布なのです。

そしてその結果は、「未知な部分が多く、さらに検討が求められる」というものでした。未知な例には、たとえば硫酸エアロゾルの寿命があります。二酸化硫黄が酸化され硫酸エアロゾルに変わる反応の半分以上は雲の中でおきます。もし、遷移金属をふくんだ大粒の土埃が触媒になって、この反応を進めたとすると、その硫酸エアロゾルは大粒になります。そのため速やかに落下してしまい、エアロゾルの効果はなくなってしまいます。どのような反応が雲の中でおきるかによってエアロゾルの働きが大きく変わるのに、それがまるでわかっていないのです。

冷却の効果が一様でないための心配もあります。とくに、海氷の融解が進行している極地では、かえって気温を上昇させてしまう可能性もあるとされています。また、散布後に成層圏から対流圏に移行して失われる硫酸エアロゾルが、対流圏で大きな雲粒となって巻雲《けんうん》を消滅させてしまい（巻

5・2・1項)、地表を冷やす効果を想定以上に大きくしてしまう、ともいわれています。一口に硫酸エアロゾルといっても、いろいろあり、時と所によって地球を冷やす働きはさまざまです。こういった未知の因子がまだまだあるのです。

## 4・3　全球工学共通の問題

全球工学共通の問題点として、「モラル・ハザード」、「海の酸性化」、「気候変化」があげられます。また、宇宙日除けに特徴的な問題点として「原状復帰性のなさ」、成層圏エアロゾル散布案の問題点として「リバウンド」があります（☞第二章）。

### モラル・ハザード

モラル・ハザードとは、「温暖化の脅威を回避することができるとなると、温暖化の根本原因である温室効果ガスの排出を減らす意欲が薄れてしまう」というものです（☞2・3節）。

これは、どのジオエンジニアリングでも共通におこり得る問題です。ただ、全球工学の場合、それがいっそう深刻になります。温暖化の問題が「地球丸ごと解決」となれば、地域や個人のかかわりはどうしても薄れ、他人任せになるからです。全球工学がうまくいけばいくほど、温暖化に対する応急処置だということが忘れさられ、それに依存しがちになるのです。

そしてその結果、温室効果ガスはむしろ増え「全球工学依存症」になりかねません。二酸化炭素を大量に排出しているエネルギー供給システムが現代社会で大きな位置を占めているだけに、そのおそれは大きいのです。

### 海の酸性化は止まらない

全球工学は温室効果ガスを減らしません。そのため、二酸化炭素が海に溶けこんでおこす海洋酸性化は、そのまま残っています。

そこで、仮に温暖化と酸性化の一方を選ぶとしたらどちらが望ましいのかを、熱帯域のサンゴ礁への悪影響を目印にしてシミュレーションした報告があります。その結果は、「温暖化を避けるほうが酸性化よりも大事」というものでした。しかしサンゴ礁は、あくまでも一つの例です。ほかの生物にとっても酸性化のほうが望ましいとは限らないことを忘れてはなりません。

一方で、「酸性化が温暖化をいっそう進ませる」という報告が最近でました。海が酸性化すると、プランクトンの増殖がおさえられ、それが放出する硫化ジメチルという化合物の量が減ります。硫化ジメチルは大気中で酸化されて硫酸エアロゾルになります。そのため、硫化ジメチルが減ると硫酸エアロゾルの量も減り、雲をつくる雲凝結核が減る結果、雲の量も減り、地表に到達する光が増えて温暖化が進むというのです。何やら、「風が吹けば桶屋が儲かる」のようですが、そうなのかもしれません。

## 気候が変わる

全球工学で地球を冷やすといっても、均一に気温が下がるわけではありません。地域による違いが生じます。地球は丸い形をしているため、もともと太陽の光があたりにくい極地域では、光がよくあたる赤道付近とくらべて、太陽光を遮る効果が小さいのです。極地域だけではありません。夜間や冬季のように、そもそも日が射さないとか日が弱い場所や時間でも全球工学技術は有効ではありません。

しかも、太陽の光は地表を温めるだけではないのです。ほかにもさまざまな働きがあります。そのため、全球工学といっても実際には、実施の場所や時間の違いが地域ごとに違った影響をもたらすのです。

これらのことは、エアロゾル散布の仕方によっては、気候を決めている基本である低緯度から高緯度へという熱の移動を減少させることを意味しています。これが異常気象などの異変をおこす心配があります。

さらに、太陽光が弱まるために新たにおこることにも注意しなければなりません。たとえば、雨の降り方や風の吹き方が変わります。これは、陸と海とで温まり方が違うこと、それに、大気の循環が影響を受けるからです。実際、地球規模での降雨パターンの変化が成層圏エアロゾル散布の自然モデルとされるピナツボ火山のときに観測されました。また、二〇世紀の後半に北半球のモンスーン地帯で降雨量が減少した原因は、当時、豊かな国で急増した自動車と火力発電所とから発生したエアロゾルだったといわれています。これは、季節の雪や雨に依存して食料を得ている私たちの暮らしに直結する問題です。

## 4・4　全球工学の評価

### つかえない宇宙日除け

宇宙日除け案は、放っておいても働いてくれるという点に着目すれば、維持に手間暇がかからない優れた技術といえます。しかし万が一、予期しない欠点が見つかって元に戻そうとしても、それはほとんど不可能です。

ジオエンジニアリング技術を考えるときに大事な判断基準である「原状復帰性」（☞2・2節）がないのは致命的です。元に戻せないものを設置して、仕組みを知らない地球システムを変えようというのは無茶な話だからです。

宇宙日除けは、ほかにも問題が指摘されています。その一つが、すでに深刻な「宇宙ゴミ問題」を悪化させることです。宇宙に漂う物体は、それが反射鏡であっても衛星の残骸であっても、ほかの衛星からみれば区別がつかない危険な宇宙ゴミです。一六兆個もの反射鏡は、衛星やスペースステーションの運用に支障をきたしかねません。

また、反射鏡の設置コストが推定四〇〇兆ドルというように桁違いに高いとか、ラグランジュ点をつかう場合であれば宇宙空間の特別な場所を小惑星の破片でつかえなくしてしまうなどの問題もあります。

さらに、日除けで太陽光を遮っても地表が均等に冷えるわけではありません。最近の「異常気象」を体験すれば身に沁《し》みてわかるように、宇宙日除けは気候を変えてしまいます。困ったことに、それがどのような変化になるのかがわからないのです。

宇宙日除けは、ジオエンジニアリング全体のイメージに影響を与えるくらいインパクトが大きい提案だったのです。けれども、これはつかえない提案です。

## リバウンドがある成層圏エアロゾル散布

日除けと同様、エアロゾル散布も温室効果ガスと温暖化を切り離してしまう全球工学です。そのため、いくら二酸化炭素濃度が増えても地球は温まることがなくなります。これが「リバウンド問題」をおこします（☞2・2節）。

エアロゾル散布を止めた途端、それまでに溜まった温室効果ガスのせいで温暖化が急速に再開してしまうのです。また、このことを知っていると、何らかの理由でやめたくなっても、リバウンドが恐ろしくてやめられなくなってしまいます。

社会システムによる追随が困難なほどの急速な変化がおきるという問題は、成層圏エアロゾル散布をやめたときに限ることではありません。始めたときにもおこる可能性があります。あまりに急速かつ大規模に実行すれば、突然気温が下がってしまい冷害をおこすことだってあるでしょう。

ただ、散布開始に伴う問題は気をつければ避けることができそうです。これに対して、散布をやめるときの問題は、その事情によっては、突然、完全停止になってしまうことも考えられます。それが心配です。

## 安いからこその危険性――グリーン・フィンガー

宇宙日除けとは異なり、成層圏エアロゾル散布は安上がりです。実は、あまりに安上がりであるために、かえって困った問題を引きおこします。まるでゲリラやテロリストのように、社会の合意なしに一部の集団だけで実行できてしまうからです。そうなると、「実行する」という宣言だけでも社会に影響を与えます。

アメリカの経済誌『フォーブス』による世界の個人資産番付によれば、一〇〇億ドルを超える資産家が世界には一〇〇人以上もいます。そのうちの一人でもその気になれば、地球の気候を変えることが可能なのです。そのような資産家にはすでに名前がついています。007の『ゴールド・フィンガー』をもじった「グリーン・フィンガー」です。

## 第三の全球工学？

これまでに全球工学として提唱されているジオエンジニアリング技術、すなわち「日除け」と「成層圏エアロゾル散布」をみてきました。将来は、これらとは異なる提案がでてくるかもしれません。

たとえば、下部成層圏の水蒸気量をコントロールできるという報告があります。水蒸気は温室効果ガスです。モデル計算の結果では、上に向かって生長する対流雲とよばれる種類の雲（たとえば夏の入道雲である積乱雲）がつくられる初期に、人工降雨でよくつかわれるヨウ化銀を散布すると効果的に水蒸気量を変えることができるとのことです。

硫酸エアロゾルの輸送手段として図4－1で紹介したOHホールは、対流雲と似た鉛直の空気塊です。大気の循環がくわしくわかれば、これらを活かした全球工学の提案がでてくることでしょう。

## 全球工学のつかい道

現状では、全球工学で太陽光を和らげると、「地球表面の気温が低下」するだけでなく、「成層圏オゾン層減少」、「モンスーン変化」、「降雨量変化」、「風況の変化」、「海流の変化」などがおこり、「紫外線の増加」、「自然からの二酸化炭素放出減少」、「植物の蒸発散低下」が予想されており、それがさらに、「海洋表面での植物プランクトンの紫外線障害が増加」、「土壌での有機物分解が減少」、「人間と生態系への紫外線影響悪化」、「穀物生産への影響」、「動植物の個体数変化」などをおこすとされています。

さらに、硫酸を用いたエアロゾル散布の場合には、「雨の中の硫酸量増加」、「各種生態系の変化」、「岩石や土壌からのミネラル分の溶脱増加」、「一部の湖で富栄養化」、「土壌と淡水の酸性度が増加」も懸念されています。

他方で、作物生産については「作物生産が落ちる」ともいえないようです。大気中の二酸化炭素濃度が高くなると光合成の効率が高まって作物の生長が増す「施肥効果」（☞5・2・3項）といわれるものがあるからです。二酸化炭素を減らさない全球工学は、この点では有利です。

原状復帰性がない宇宙日除け案は、当面、つかい道がないとしても、原状に復帰することも可能な成層圏エアロゾル散布には、即効性と安価なために地球規模で実行可能という大きなメリットがあるようです。

エアロゾル散布の副次効果について一つ一つ検証し、実施の技術的監視と社会的な了解を担保したうえで、非常事態用の消火器としての役割を果たせるかを検証する意味はあるのではないでしょうか。地球システムの生命維持力劣化が進行している今、たとえば、温暖化の進行で全球的な穀物の不作が絶対おこらないという保証はないからです。

### 廃棄削減とマッチング

それから、仮にも負の副次効果がほとんどなく無視できるエアロゾル散布の方法が見いだされ、日常的に温暖化を抑制する手段として実施されるとなったら、それを温室効果ガスの排出抑制と連動させることが考えられます。エアロゾル散布の実施量に応じて、排出抑制を義務づけるのです。こうすれば、温暖化対策としてのジオエンジニアリングに共通している「対症療法だけですます発想」から転換して、リバウンド問題も緩和されるでしょう。

これを実現するには、国家や組織、それにテロリストやグリーン・フィンガーが、一方的にジオエンジニアリングを実行しないように監視する体制が必須です。これは、2・1節でジオエンジニアリング全体の課題として記しました。

# 第五章 気候制御

## 5・1 気候制御の特徴

対流圏以下の場所で実施されるジオエンジニアリング提案のうちで、温室効果ガスを対象としないのが気候制御です。その多くは太陽光を反射する割合を高めるものです。それ以外の提案には、たとえば「冷たい水で温かいところを冷やす」といった、温度差などのすでにある違いを気候の制御に利用するものがあります。人工降雨や台風発生抑制などのいわゆる「気象操作」も気候制御に入ります。

### 時と場所を選ぶ

気候制御では、ある特定の条件が満たされていないと実行できないものが多いです。それも、今のところ、人間が条件を整えるのではなく、自然の条件が揃ってはじめて実行できるのです。「雨雲があるところで雨を降らせる」というように、最後の一押しをするのです。したがって、地球全体にわたって長期的な変化をもたらすには限りがあります。特定の期間だけ、特定の場所に影響があるのです。ここが全球工学とは大きく異なる点です。

## 気候制御の注意点

気候制御では三つ、とくに気をつけるべきことがあります。

一つは、武器になることです。二〇世紀の半ばに、数学、計算機科学から原子爆弾開発まで多方面で活躍したフォン・ノイマンが懸念していた、気象操作の暗黒面が気候制御で現実になるのです。実際、天候を正しく知ることが戦いの勝敗を分けたことは、赤壁の戦いでもノルマンディー上陸作戦でもよく知られています。まして、天候を思うように変えることができれば好都合です。ベトナム戦争では、それをめざした軍事行動がありました。「モータープール作戦」です。気候制御技術の発展には注意を要する面があることを忘れてはなりません。

もう一つは、思わぬ影響がおこることです。ただでさえ実験ができないものを、よくも知らない地球システムにスケールアップしてブッツケ本番してしまうのですから、この可能性を精一杯予想し、織りこんでおく必要があります。

そして三つ目。地球システムには多数のテレコネクション（遠隔相関）があります（☞1・3節）。互いにつながっている地球システムですから、遠く離れた地域の間に思いもよらない関連があるかもしれません。作業現場では期待通りの結果であったとしても、現場外に影響がなかったとはいえ

ません。むしろ現場外に何らかの影響がおきて当たり前です。それを想定したリスク管理がなくてはなりません（☞2・1節）

気候制御を実施するには相当慎重でなければならないでしょう。

## 5・2　その場で効果

実施場所で効果があるとされるジオエンジニアリングには、「雲を操作する」、「大気汚染を利用する」、「反射率を変える」、「台風を制御する」、「海水を入れ替える」などがあります。

### 5・2・1　雲を操る

雲を利用する気候制御の提案は、おもに二つのパターンに分けられます。「雲を早く消してしまうもの」と「雲を白くして長持ちさせるもの」です。まるで逆さまですが、どちらも温暖化対策になるのです。

#### 放射冷却を利用する

雲を消す最初の提案は、半世紀も前の一九六五年、アメリカのジョンソン大統領に対してなされました。大気中二酸化炭素の増加による悪影響を心配した大統領直属科学諮問委員会がアドバイスしたのです（☞5・2・4項）。

空を見上げると、さまざまな雲があり見飽きません。そのほとんどが対流圏にあります。その中でも、対流圏上部にできる巻雲という種類の雲に働きかけて雨を早く降らせて雲を消してしまう「巻雲消滅」とよぶ提案です。

巻雲は櫛で髪の毛をすいたような細い形の雲で「すじ雲」とか「しらす雲」ともよばれます。飛行機がちょうど対流圏上部を飛ぶこともあり、飛行機雲が生長し巻雲になることもあります。温暖前線や台風が接近してくるとき最初にあらわれる雲で、雨が間もなく降る兆しといわれています。

この巻雲には、大気を温める効果があります。まるで蓋をかぶせたように空を覆う巻雲は、地表からの熱を受け止めて逃がさないからです。これは、晴れて乾燥した冬の夜におきる「放射冷却」を思いだすと何となく理解できます。放射冷却は雲がない夜間におこり、低温注意報が発令されるくらい寒くなり、地面は冷えきってしまいます。雲の蓋が取れて地表の熱が逃げてしまったのです。

巻雲の雲粒は細かな氷の結晶です。そのため、なかなか下に落ちません。ここにヨウ化銀を散布して雲粒を大きく生長させれば、雨となって地面に落下し、巻雲は消えて地表が冷えるのです。

中緯度ないし高緯度で巻雲を消滅させれば、わずかな降雨量の減少を伴うものの気温を一・四℃低下させるという報告があります。条件が最適であれば、巻雲の消滅で、産業革命後におきた温暖化を帳消しにできるという試算もあります。まだ巻雲がつくられていないうちにまくと雲そのものができなくなり、これにも冷却効果があります。

また、全球工学の成層圏エアロゾル散布で心配されている、「モンスーン地帯での降雨量の減少」（☞4・3節）を補う効果があるという報告が二〇一五年の一二月にありました。

## 巻雲の姿

巻雲消滅は、氷の融解が大問題となっている極地域で一番効果があると思われます。雨は蒸留水のようなもので塩気がありません。ですから海水と違って氷になりやすいのです。それで、巻雲が消えて極地に雨が降れば、空は晴れ上がって放射冷却がおこり、極地の氷は増えるという相乗効果が期待できるからです。

対流圏上部は高度一〇キロメートル程度になります。ヨウ素の化合物を散布する場所としては少し高すぎる気もします。ところが、むしろこの高さが好都合なのだといいます。対流圏上部は、飛行機が飛ぶところだからです。普通の旅客機が、お客さんを運ぶついでにヨウ素化合物をまいて巻雲退治ができるというのです。飛行機の航路にあたっていない場所では、全球工学の成層圏エアロゾル散布と同様、宇宙砲や気球の利用が提案されています。

指摘されている技術上の課題として、雲粒を成長させるのに最適な方法の検討があります。巻雲がつくられ、維持され、消滅する物理的そして動的な過程に関する知見が足りません。巻雲を特定して、その特徴に応じた消滅法を用意するには、まだ距離があります。

技術以前の問題もあります。そもそもこの方法で実際に効果があるかが不明なのです。また、仮に目論見《もくろみ》通りの冷却がおきたとして、その副次効果がどのようであるかも不明です。たとえば、緯度の違いによる温度の差が変わると、赤道から極地へと流れる熱輸送が影響を受け、水の循環をはじめとして、さまざまな問題をおこすことが懸念されています。地域の気象に重大な変化をおこすのではないかとも心配されています。

地球システムに関する知見の向上と地球モデルの精度向上とが、具体的な技術開発以前に求められるのです。

### 雲をもっと白くする

雲粒を小さくして長持ちさせ、太陽の光を多く反射させせようという提案が「雲増白」です。粒が小さくなると雲は白さを増します。口絵⑤は、宇宙からレーザー光線で雲をつくり白化させる案の想像図です。

対象は対流圏の下部にできる層積雲。層積雲は、大きな塊が群れをなしている雲で、曇天をもたらす雲として知られており、「くもり雲」ともよばれます。陸なら山から見下ろす雲海のイメージですが、海なら冬の日本海にかぶさる雲です。海では、上空一キロメートルあたりに暗色で層状に集まって浮かぶありふれた雲で、海の四分の一を覆うといわれます。

海上の雲が白さを増して反射率が高まると、その下にある海水の温まりが減ります。そこで、この案は台風の発達を抑制するのにもつかえるといわれています。

雲増白案は、厳密に考えると実施場所と効果を期待する場所が同じとはいえません。海で実施して陸が冷えるのを期待しているからです。この案については、気候制御全体に共通な課題も多いので、5・4節でくわしくみましょう。

## 5・2・2　大気汚染を逆手に？

窒素酸化物や硫黄酸化物、それに二酸化炭素、PM2・5と、大気汚染物は悪者です。それが、そうともいいきれないところが地球システムの複雑さでしょう。悪玉にも善玉の働きがあるのです。

### 大気汚染で涼しく

アメリカが、二〇一〇年から二〇五〇年までの間、大気汚染防止に努めると、エアロゾルによる地球冷却効果が減ってしまい、アメリカ東部で地表温が〇・五℃ほど上昇し、夏には東北部で一～二℃も上昇するというシミュレーション結果があります。

それでは、大気汚染の防止努力はほどほどにしたほうがよいのでしょうか？

そうともいえません。中国では、大気汚染が洪水を悪化させそうです。二〇一三年の七月に四川盆地北西部で起きた洪水は、盆地内の大気汚染で酷いものになったというのです。

そこで大気汚染と温暖化を天秤にかけるのは避け、人が住まない海上を航行する船に硫黄酸化物を大量にだす重油をつかうジオエンジニアリングが提案されています。飛行機雲が巻雲をつくるのと似て、船がだす排煙がつくる航跡雲は白い雲として知られています。人が住んでいない海の白雲が陸上の気温を下げてくれるのであれば、海の大気汚染は赦されるだろうというのです。

雲増白の一種ともいえるこのアイデアは、安い重油を地球環境改善の名目で心おきなくつかえるばかりか、排煙にふくまれている窒素化合物が海の生き物の栄養になるともいわれています。しかし、実際に陸が冷えるのかは、まだ何ともいえません。肝心のことなのに、可能性をでていないのです。

### 5・2・3　身の回りの反射率を高める

私たちは陸地で暮らしていますから、海とくらべて陸のことにはくわしいです。土地利用も細かく分かれ、利害も複雑です。そのため、陸をつかったジオエンジニアリングを社会が受けいれるには、温暖化の緩和だけでは不充分です。何か大きな正の副次効果が求められ、しかもそれが強調されることが多くなります。そこで、身の回りを「都市の家と道路」、「農業生産の場である農地と山林」、それに「砂漠などの空き地」と、土地利用の違いで分けて提案をみることにしましょう。

#### 白い屋根はクール

陸での反射率を高める考え全体を指す言葉はまだないのですが、屋根の反射率を高める提案だけはすでにあちこちで実施されており、まとめて「クール・ルーフ」とよばれています。

クール・ルーフにすると夏の冷房費が節約になります。これは直感的にわかります。そこでアメリカでは、屋根の反射率を高めることを連邦政府が推奨しています。日本の省エネマークに似たエナジー・スターというマーク制度では、一定の基準を満たす屋根材にマークをつけることを認めています。ニューヨーク市では独自のプログラムを二〇一〇年に開始していますし、カリフォルニア州では平らな屋根の反射率を高めることが義務づけられています。ほかにも八つの州でクール・ルーフの採用を義務化しています。

イギリス機械工学会も熱心です。二〇〇九年の八月にだしたジオエンジニアリングに関する報告書で、「太陽光を反射する屋根は年間の冷房費を一〇～六〇％節約する」としています。そして欧州連合でもクール・ルーフ評議会を設立し、普及に努めています。

日本でもクール・ルーフの効果が新聞で報道されています。千葉県市原市の牧場で牛舎の屋根に石灰を塗って白くしたところ、六〇℃あった屋根裏温度が三〇℃にまで下がったという記事が、朝日新聞の二〇一〇年八月一四日付け夕刊で報道されました。また、屋根の内部で熱を反射するクール・ルーフは日本でも販売されています。

クール・ルーフは、温暖化をおさえるジオエンジニアリングとはスケールが少し違うように思われるかもしれません。冷房費の節約が本来の効果で、温暖化を緩和するジオエンジニアリングとしての側面は副次効果というべきでしょう。でも、太陽光の反射を高め、さらに、節約された電力分だけ二酸化炭素の発生そのものが減るのですから、温暖化対策としては優れているほうといえるかもしれません。

## 道路を白く

クール・ルーフは、宇宙の日除けや雲の増白とは違ってずいぶん身近です。でも屋根を白くするだけでは、残念ながら地球の温暖化に対する効果は知れたものです。そこで、クール・ルーフを屋根に限らず、町全体に広げようという考えがあります。

日本では、反射率を高めた道路の施工を、一〇社を超える会社が提供しています。

ただ、増白する範囲を屋根から道路へ広げたとき、本当に気温が下がるのかは、まだはっきりしていません。

白く塗られた屋根や道路自体が光を反射することは確かです。でも、反射された光が別の所で吸収されて結局周囲を温めてしまうかもしれないからです。

家の壁や道路を白くすると都市のヒートアイランド現象を緩和するという報告がある一方で、「舗装の反射率を一割から五割に高めると、冷房に必要な電力が年間でかえって一割増加する」という話もあります。さらに、ヒートアイランド対策には有効だけれども地球の気温は上昇するという報告もあります。

クール・ルーフは、個別の家にとってはメリットがあるのかもしれませんが、町全体となると温暖化の防止にプラスなのかマイナスなのかは定かではありません。

クール・ルーフでも課題となる高い反射率の材料や塗料の供給、それに反射率を維持するためのコストが、道路の場合にはいっそう大きくなります。コストと効果とのバランスが問われる提案といえます。

## 農地を白く

農地を白っぽくして反射率を高める案があります。そうすると、日射が減少し作物の育ちが悪くなると思われるのですが、日射は減っても作物生産は減るどころか、現状より増えるという試算があります。涼しくなって作物への温度ストレスが和らぐうえに、大気中の二酸化炭素の濃度が高いままなので、その分だけ光合成が促進される「施肥効果」があるからです。

施肥効果はハウス栽培で実際に利用されています。自然界でおこっているかについては議論の余地があります。でも、おこっていても不思議ではありません。乾燥した温暖域での植物生長が、一九八二年から二〇一〇年の間に一一％増加していることが衛星データから観測されているのです。この増加は、「乾燥地域では、水不足が深刻なため陸上植物は貴重な水を失わないように気孔を開くのをなるべく控える。そのため、二酸化炭素の取り入れが制約されて生長がおさえられている。そこで、二酸化炭素濃度が高くなると、それだけ生長が促進される」という考えから求められた「一四％の増加」に近い値です。だから、「自然で施肥効果がおきている」というのです。二〇一五年の夏には、「施肥効果が三割ほど過大に見積もられている」という報告がでています。そうだとすると、三ポイントのずれもなくなって、自然界で施肥効果がおきていることがいっそう確かなものになります。

施肥効果は一方で、植物が気孔を閉じている時間を長くすることができるため、水の蒸散が減ることにつながります。そのため、その分の水分が地面にとどまり、洪水がおきやすくなったり雲の形成がおさえられたりするともいわれています。

### 本当に涼しくなった

日本とヨーロッパでは農地を耕すのは常識です。ところが、これは世界の常識ではありません。そこで、麦畑を耕した場合と耕さない場合とで比較したら、耕して麦藁くずなどを始末すると反射

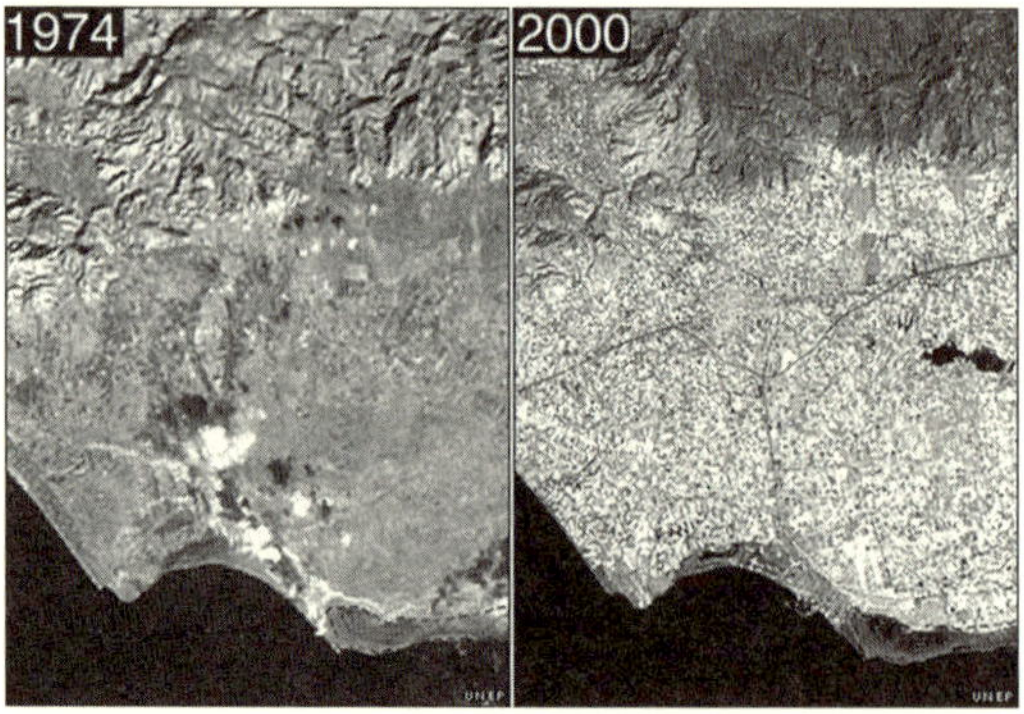


**図５−１　農地の用途変化による地域の温度変化例**

左も右も写真の上下中央部が農地です。1974年当時にくらべて2000年では白っぽくなっています。このため、地表面の気温が0.8℃低下したといわれています。下端の黒い部分は海です。海の反射率は低いことがよくわかります。図提供：UNEP

率が二割であるのに対し、耕さずに刈り株などを畑に放置しておくと反射率が三割になったといいます。そこでこれを、二〇〇三年の夏にヨーロッパを熱波が襲ったときに実行していたと仮定してシミュレーションしたところ、気温が二℃も下がったという報告があります。農法を変えることによるジオエンジニアリングです。

反射率の増加が気温を下げた実例が一つあります。南スペインのアルメリア地方での観測です（図５−１）。そこでは、一九七四年には伝統的な農地だった土地が、二〇〇〇年までには輸出市場向け作物のハウス栽培が面積世界一になるほど普及しました。その結果、緑色をしていた畑がハウスの白っぽい屋根に変わり、地表面の温度は周囲にくらべて〇・八℃低下（裸地からハウスへの変化では一・六℃低下に相当）したという報告があります。これは農地のクール・ルーフといえます。

遺伝子操作を用いて、「反射率が高い作物をつくりだす」という提案もあるのですが、これに対しては、「作物が農地を覆っているのは、そんなに長い期間ではないのであまり効果がない」ともいわれています。農地を白くするというアイデアは、これから詰めていくものでしょう（☞8・1節）。

## 山、樹木、空き地を白く

作物ばかりでなく、木を白くして樹林や森の反射率を高めようという提案もあります。

また、世界銀行が選んだ「地球を救うアイデア二〇〇九」には、石灰と工業用卵白とを水で溶いたペンキでアンデスを白くするという提案があります。口絵⑫に示したシャロン・ソンブレロ山を白く塗るアイデアです。にわかには信じがたいのですが、白く塗ったところは周囲よりも温度が一五℃も低くなり、夜間には零下にまで達しているため氷河の復活に寄与しているというのです。

そこで、この考えをさらに進めて、極地の氷と永久凍土の融解を遅らせるために反射率が高い円盤を氷や土に散布しようというアイデアがあります。

また、砂漠のような空き地に反射板を置くアイデアもあります。図5‐2は、サハラ砂漠に多数の巨大鏡を設置した想像図です。今から一〇〇年近く前の科学雑誌に掲載されました。当時は、火星人との交信を目的とした装置だったのですが、これを温暖化対策につかおうというのです。

人里離れた極地や永久凍土の反射率を高める場合もそうなのですが、とくに砂漠の場合には、反射鏡を綺麗に保つメンテが膨大になると想像されます。また、地表面を覆うことによる砂漠生態系への影響、気温の低下による大気循環と降水パターンの変化が懸念されます。そのうえ、思わぬ砂

図5－2　砂漠に敷き詰めた反射板

火星人との交信を目的とした巨大鏡です。覆いを被せたり外したりして「ウィンク」で通信します。遠方にはピラミッドが見えます。地表の反射率を自在に変えることができるので、気候制御にも使えます。1919年9月号の *Popular Science Monthly* より。

漠の働きを奪ってしまうことにもなります。たとえばサハラ砂漠であれば、その土埃は大西洋を越えて飛散し、栄養が雨で失われてしまう熱帯林に救いの栄養を供給しています。それが減ってしまいます。中南米の森林に負の副次効果をもたらす心配があります。

これらの疑問に対して、現在の私たちは答えることができません。事実、これらの案は、ほとんど進められていません。温暖化対策として実効性があるものにする前に、確かめなければならないことが多いからでしょう。科学的な根拠を議論できるほどに、地球システムに対する理解が進むことが第一に求められます。

## 灯油ランプによる大気汚染と温暖化

エアロゾルには地球を温めてしまうものも知られています。たとえば、灯油を燃やしたときにでてくる煤です。

煤は、黒色炭素ともよばれる小さな炭素の粒です。大気中でエアロゾルとなって、高度四キロメートル以下では硫酸エアロゾルとは逆に地球を温めることが知られています。産業革命以降の温暖化への寄与は、二酸化炭素が一平方メートルあたり一・六ワットであるのに対して、黒色炭素は一・一ワットです。ほかの温室効果ガスを抜いて二番目に高いのです。

灯油ランプは一〇億を超える途上国の人々につかわれている照明器具です（☞1・6節）。裸火による火傷や火災の危険はもちろんのこと、そこからでる煤は一晩でタバコ数箱分にも相当する健康影響があるといわれています。それがさらに悪いことに、「通常の使用状態で発生する煤はもっと多い。従来の推定値の二〇倍にもなる」という報告が最近発表されています。

### 5・2・4　海の反射率を高める

一九六五年、アメリカのジョンソン大統領に対して巻雲消滅のジオエンジニアリングが提案されたとき、委員会は、「世界の海の数％（およそ、バフィン湾やハドソン湾などもふくむ北極海域の面積に相当）を、反射率が高い微粒子で覆って地球の反射を一％高める」という「海増白」案もだしています（☞5・2・1項）。

今では、白さを増すための手段として泡やガラス球などの微粒子以外に、藻や氷なども提案されています。その一部を紹介しましょう。

## 気泡をつかう

海に浮かぶ小さな泡は、すぐ破裂してしまうように思えます。ところが、ごく微小な泡だと、その寿命は思ったより長いのです。これは、なぜ空に雲が浮かんでいられるのかを思うと何となくわかります。雲をつくっている雲粒は水滴や氷片で空気よりもずっと重いのですが、とても小さいので空を漂ってすぐには落ちてきません。これと同じで、水中を漂う微小な泡も、なかなか浮いてこないのです。一〇時間くらいはもつのです。

海で自然に見られる泡は、石鹼などでもつかわれる界面活性剤とよばれるものがつくります。石鹼液でシャボン玉ができるのは、界面活性剤に水の表面張力を弱める性質があるからです。その昔、洗濯に利用されていたサポニンやリン脂質、ペプチドなどは天然の界面活性剤です。そして、これがつくる泡はときとして一〇時間の寿命があるのです。

図5－1にあるように、海は暗く、その反射率は一割以下です。そこに直径が一ミリメールの五〇〇分の一という小さな泡を一万分の一%くらい吹きこむと、反射率が倍増し気温上昇三℃分ほどは抑制できるといわれています。しかも、泡が消滅する際に大気中に飛び散った海塩が雲凝結核となるので、雲の増白効果も期待できるというのです（☞5・2・1項）。

## 泡で氷の融解を遅らせる

たとえば、泡で白くなった一キロメートル幅の海水で氷の周囲を囲めば、融解を遅くできるとの報告があります。

マイクロ・バブルやナノ・バブルとよばれる微小な泡を人工的につくる方法には、界面活性剤をつかわないものもあるのですが、この提案では、一日に数トン、一夏で一〇〇〇トンの界面活性剤をつかいます。一〇時間の泡寿命があれば、一〇〇隻の船で周囲一万キロメートルの氷床の融解を遅くできるのだそうです。

界面活性剤は昆布から得られます。一〇〇〇トンと聞くと多いように思われるかもしれません。でも、それほどではありません。北極海で自然におこる植物プランクトンの大量発生でつくられる天然の界面活性剤のほうが、量は多いのです。

## 省エネのマイクロ・バブルと連携する

通常、外洋を航行している大型船舶は三万隻あまりといいます。これに泡発生装置をつけると、雨の量が一部の地域で増加するものの、海表面の温度は〇・五℃下がるという試算があります。船がだす泡には正の副次効果があります。タンカーが船底から泡を吹きだしながら進むと、摩擦抵抗が減り省エネ・省コストになるのです。これはマイクロ・バブルとよばれ以前から知られており、その開発が進められています。省エネ技術のマイクロ・バブルが海の反射率低下にも貢献できるなら、一石二鳥といえるでしょう。

## バブルの課題

一方で課題も指摘されています。たとえば、最適な泡のサイズ分布を求め、それを実現する要件を洗いだし、発泡装置を製作し、さらに発泡のタイミングと作業適地の選択法を定めるなどの技術的課題があります。

それだけではありません。界面活性剤が泡つくりの役目を終えたあとに辿る運命の解明もあります。これは、人工的な活性剤を使用するときばかりでなく、天然のものをつかう場合にも押さえておくべきことです。

反射率が高くなれば水中に到達する光の量は減ります。これが、海水温の低下とあわせて、藻類にはじまる食物連鎖で結びついた海の生態系に与える影響は、泡によるジオエンジニアリングを大規模化する際に、必ず配慮しなければならないことです。ところが、それが皆目わかっていないのです。小さな泡を温暖化対策で利用するには、まだ多くの課題が残されています。

それでも進歩はあるものです。二〇一五年に、長寿命の泡を天然系の素材でつくったという報告がでています。何と三か月の観察期間中、泡が消えなかったというのです。波のない状態で観察すると、反射率は〇・五から〇・七五で、泡のない海の反射率〇・一以下とくらべて大違いです。

## 藻類をつかう

反射率の高い藻を利用する案はどうでしょう。一部の藻類は天然でも大発生して赤潮をおこすことが知られています。そこで、ケイ藻や円石藻など、反射率が高い植物プランクトンを海で増やそうというのです。

一般に藻類は明るい雪氷上で生育すると反射率を低下させ、氷の融解を進めます。地球に残され

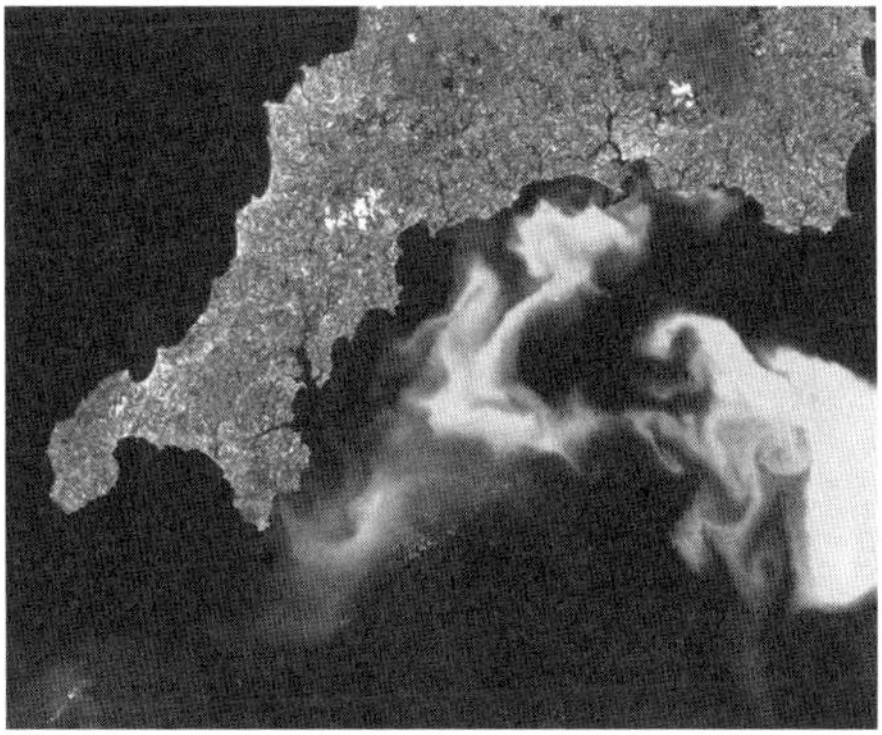

図5－3　円石藻（*Emiliania huxleyi*）の大発生
1999年7月にイギリス南西端プリマス沖で大発生した円石藻（海の明るい部分）。図の右上から左下に伸びる陸地はコーンウォール半島です。陸の反射率が海より大きいことがみてとれます。ウィキペディアより。

た二つの氷床の一つであるグリーンランドでは、これが大問題になっています。ところが、そもそも反射率が低い暗い海であれば、藻類の繁殖は海面の反射率を大きくするのです。

たとえば、雲凝結核のもととなる硫化ジメチルを大気中に放出することで知られている円石藻は、その多くが貧栄養の外洋を好み、大発生することは少ないのです。ところがなかには、エミリアニア・ハクスレイやゲフィロカプサ・オケアニカとよばれる栄養に富んだ環境に適応している種類があり、大発生することがあります。そのときには、簡単に観察できるほど海が明るくなるのです（図5－3）。

この円石藻が過去半世紀の間に増えており、その原因が大気中の二酸化炭素増加による「海での施肥効果」ではないかという報告が二〇一五年の一二月にでています。藻類をつかって海を明るくする条件は整っているともいえます。

この提案は、藻類が育つときに空気中の二酸化炭素を吸収するという、もう一つのジオエンジニアリング分野である「捕集貯留」の面もある技術です。しかも、藻類のうちでもケイ藻は魚類の重要な餌です。そのような藻類が増えるのであれば、それを餌にする海の生物も増え、海が豊かになるという正の副次効果も考えられます。

ただ、そんなに話がうまくいくかは、確かめる必要があります。沿岸や内湾での赤潮は、養殖などの漁業に大きな被害をもたらします。赤潮と同じような問題をおこさないのか調べ、周到に計画する必要があるでしょう。

藻類の繁殖を維持する工夫も求められます。大繁殖している円石藻がウイルスにやられて、たちまち消滅してしまう例があるからです。ウイルスの制御ができないのならば、ジオエンジニアリングとしては失格です。

藻類が育つ条件を整える必要もあります。相手が生物なので、泡やガラス球を利用するのとは違ったことを考えないとなりません。これについては、生物を利用する案が多い第六章と第七章で記します。

### 5・2・5　台風の制御

勢力が強い熱帯低気圧を日本では台風とよんでいますが、ほかの地域ではハリケーンとかサイクロンとよんでいます。本書では、その区別にこだわらず、発達した熱帯低気圧の一般名称として「台風」をつかうことにします。

さて、台風の被害を何とか減らしたいという願いは古くからありました。気象兵器として台風を操ろうと熱心に取り組まれたこともあります。とくに、台風による被害が過去一〇年の間で顕著に増加し、総計で二〇〇〇億ドルを上回るといわれるアメリカでは、台風の発生と発達をおさえる関心が高いです。

北大西洋での台風の発生頻度は、数十年のスケールでみると大きく変動しています。この変動をもたらす要因ごとに一八六〇年から二〇五〇年の間についてモデルで調べたところ、人為起源のエアロゾルが二〇世紀には低気圧の発生頻度を下げ、二〇世紀末に大気汚染が解消されるにつれて頻度が上昇していたのです。また、「台風が発達しようとしているところにエアロゾルをふくむ大気があると、雨量は増え雨の降る地域が広がるものの、低気圧の発達が遅れ、勢力は弱まり早めに消滅してしまう」ともいわれています。

このような背景から、台風が発達する可能性のある大気にエアロゾルをまいて発達を防ごうという発想が生まれるのでしょう。層積雲に海水を吹きつけて台風の発生と発達を弱める案は曇増白でも取り上げました（☞5・2・1項）。

一方、人工的にミニ台風をつくって、台風の発達を妨げるという案もあります。これは、大気中の熱エネルギーをミニ台風の発生でつかいきってしまい、大型台風への発達を防ごうという概念研究です。ミニ台風の人工発生には、海面に浮かべたジェットエンジンを用います。

さらに、風力発電を大規模に集約すると台風をおさえこめるというアイデアもあります（口絵⑦）。二〇一三年末の世界の陸上風力発電設備量に相当する三億キロワットを超える風車を、台風の進行先あるいは海岸に沿って沖に配置すると効果的だそうです。

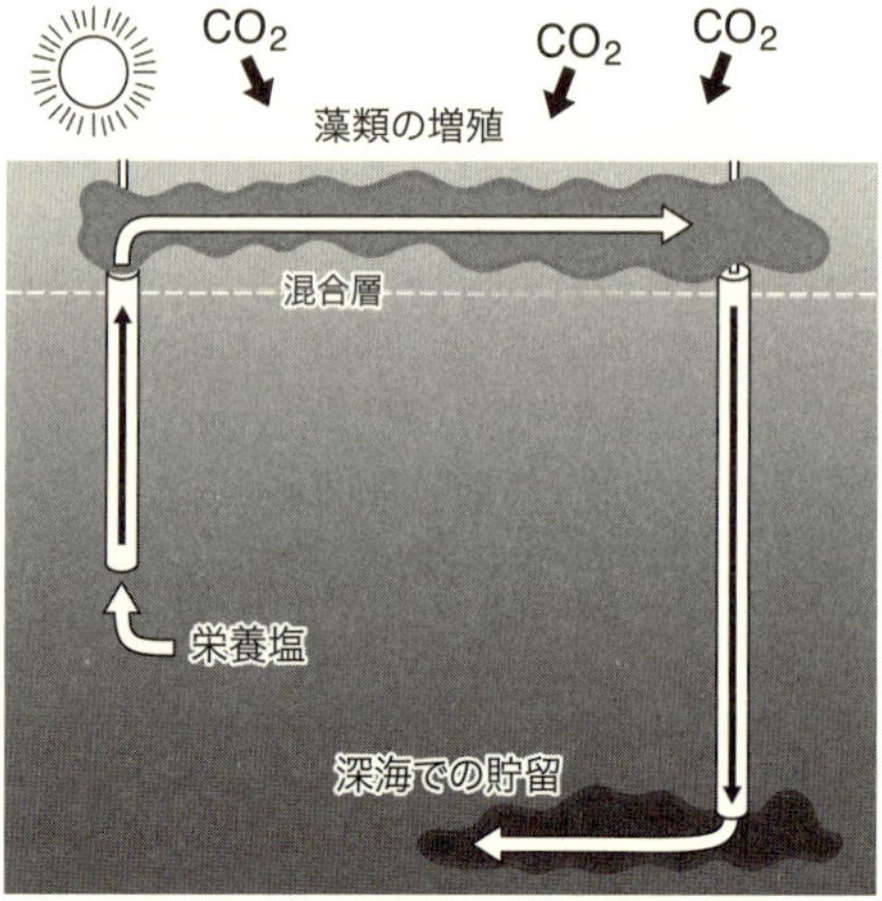


図5－4　水塊交替による捕集貯留

栄養塩の豊富な深層水を汲み上げて藻類の増殖を促し二酸化炭素を捕集します。その後、藻を深海に送りこむことで貯留が果たされます。Bauman, S. J., *et al.* (2014). *Oceanography*, 27(3), 17-23を参考に作成。

## 5・2・6　海水の上下を入れ替える

海水の温度は深さで大きく変わります。温かい海域の表面温度は三〇℃を超えることもあります。ところが、二〇〇〇メートルよりも深い海では、どこでも常に二℃程度の低温です。多くの海では、海面下わずか数百メートルでも充分冷たい海水が得られます。しかも水の熱容量は大きいです。そこで、これを利用して地域を冷房したり発電したりしようという提案があります。性質の異なる水を入れ替えるので、一般に「水塊交替」とよぶ技術です。図5－4は、栄養を深海から汲み上げて炭素を捕集しようという水塊交替技術を示しています。

### 水塊交替の副次効果

たとえば、パイプを海中にぶら下げるか海底に立てて、波力や潮力を利用して表層の温かい海水を冷たい中深層に送りこむと、鉛直方向に熱が移動し海表面が冷えるのです。台風が発生する表面海水温二六℃以上の海域にパイプを設置すると、その発生を防ぐ効果もあるといわれています。急速に気圧が低下して大きく発達する「急速強化」によってスーパー台風が生じる理由に、高温の表面海水の厚みがあると指摘されています。ですから、低温の深海水と高温の表層水とを交替すると、確かに台風の発達をおさえる効果があるのでしょう。

深海水の汲み上げには別の効果もあります。深海の水は栄養が豊富です。そのため、図5-4にあるように、水塊交替は藻類の生育を高めると考えられています。実際、二〇〇五年にマリアナ諸島沖で行われた実験では、植物プランクトンの増殖がみられているのです。捕集貯留技術である「海洋肥沃化」にもなるわけです(☞7・2節)。そのうえ、増殖するプランクトンの種類にもよるのですが、「大気中の二酸化炭素を取りこむ」、「海面の反射率を高める」、「魚介類を増殖させる」、「捕集した炭素を海底に沈める」という効果も可能です。

## 水塊交替の課題

海洋表層と深層の温度差で熱機関を駆動し発電する海洋温度差発電とよばれる方法が、実用目前までできています。この温度差を利用する発電手法の中には、冷水を表層近くまで汲み上げる水塊交替法を用いるために、「海洋の肥沃化」や「気候変化」がおこるといった点で問題が指摘されているものがあります。そこで、これらの問題を回避する案として、汲み上げた水を表層に放流せずに中層に戻す提案がされています。それでも、海の生態系に対する影響は未知といえます。

ほかにも、いくつか水塊交替の課題があります。なかでも、炭素の収支と生物界のバランスにかかわることは重要です。たとえば、深海の水には二酸化炭素が大量にふくまれているので、ただ汲み上げるだけでは、この二酸化炭素が表層から大気へ放出され、かえって大気中の濃度を高めることになってしまう心配があります。この点は、捕集貯留の海洋肥沃化のところでくわしく記しましょう（☞7・2節）。

それから二〇一五年に、過剰に水塊交替をすると、かえって温暖化をもたらすという結果が発表されています。深度一キロメートルまでの海水を、完全に混ぜつづけるというシミュレーションによる結論です。当初は、確かに海面付近の気温は低下します。ところがそのうち、海面上に低温で密度が高い気団がつくられて下降気流が生じ、雲が消えてしまうため、反射率が低い海に太陽の光がもろにあたって、五〇年もすると海が温まってしまうというのです。

## 海水密度を高めて沈める

北米大陸の東側に沿って流れるメキシコ湾流は、熱を北に運ぶ暖流です。アメリカ合衆国建国の父として知られるフランクリンが、ペンシルバニアの知事に勧められてはじめて大西洋を船で渡ったとき、その温かさに驚いたといわれています。フランクリンがまだ一八歳だった一七二四年のことです。このメキシコ湾流のお蔭で、彼がめざしたロンドンは、宗谷岬がある稚内よりも緯度で六度、真北に七〇〇キロメートルも北極に近い位置にありながら、夏の気温は東京と変わりません。

このメキシコ湾流は、北に上がる途中で水分を蒸発して塩分濃度が高くなります。それが北の海で冷やされて深海へ沈みこみます（☞豆事典「海洋大循環」）。こうして海に捕集された炭素を深層に持ちこむ役割を果たしているのです。

この「物理ポンプ」とよばれる海水の沈みこみを人工的に強化すると、それだけ深海に移動する二酸化炭素が増加します。そこで、沈降する炭素量を積極的に増やす方法として、「①溶けこむ二酸化炭素の濃度を高める方法」と「②沈降速度を速める方法」の二つを検討した結果、残念ながら、どちらも現実的でないとの結論を得た研究があります。その一方で、冷たい極域で海水を氷にかけて海水を増やせば、海水の塩分濃度が高まって沈降が早まるという提案もされています。

意見が分かれていますが、仮に、極地の海氷が増え、表層の海水が大量に沈みこむことになれば、気候は大きく変わります。そればかりでなく、この提案は海による二酸化炭素の捕集にも寄与する可能性があります。そこで、これについては6・3・3項でくわしく記します。

以上、実施した場所での効果を期待する、さまざまな気候制御の提案を紹介しました。でも、これで尽きたわけではありません。今後、地球システムの仕組みがよりよく知られるにつれ、さらに新たなアイデアも生まれてくることでしょう。

## 5・3　遠隔地で効果

いわれてみれば当たり前のことでも、最初に気づくのは難しいことをあらわす言葉に「コロンブスの卵」があります。これがまさにあてはまるのが「テレコネクション」と総称される、離れた地域が互いに関連しあっている現象です。

地球表面は、どこにも仕切りがなく全体がつながっています。ですから、離れたところどうしにつながりがあっても不思議ではありません。これが、地球システムの観測が精密になってきた近年、あちこちで知られるようになっているのです。その代表にエルニーニョ・南方振動や北極振動があります。毎年規則正しく気圧が変動するモンスーン。古くから知られていましたが、これもテレコネクションです。

現在、多数のテレコネクションが知られるようになり、その仕組みも徐々に解明されつつあります。さらに、テレコネクションどうしの関連までいわれるようになっています。この理解が進むと、いずれ、それを気候の制御に利用できるようになるでしょう。

## エルニーニョと日本の夏

エルニーニョ・南方振動の仕組みを利用して、日本の夏の酷暑を和らげることができるかもしれません。これまでの経験から、エルニーニョの年は冷夏となる傾向が強いからです。

もう昔の話になります。一九九三年、日本のほとんどの田んぼが不作で、秋にはタイ、中国、それにアメリカから米を輸入しました。当時、宮城県に暮らしていた私は、指の間でモミがショリショリと空っぽの音を立てていたのを忘れません。夏の気温が平年を二℃以上も下回る厳しい冷夏だったのです。そしてその原因が、エルニーニョとピナツボ火山の噴火というダブルパンチだったといわれています。

エルニーニョ・南方振動は、赤道太平洋に吹く貿易風の弱まりが太平洋東部での湧昇を弱め（☞豆事典「海洋大循環」）、そのために冷たい深層の海水が上がってくる量が減って、海面水温が平年よりも数℃上昇することがきっかけで起こるとされています。ですから、西部熱帯太平洋の気温をよい具合に調整して太平洋上の貿易風を適度に弱めれば、米は実ってしかも涼しい夏が日本にやってくるでしょう。

もちろん、エルニーニョは日本にだけ影響があるのではありません。全大陸におよびます。ですから、その全部の影響にわたってプラスとマイナスを利害関係者の間で調整し合意を得てから実行する必要があるのは、ジオエンジニアリングのどれにも当てはまります（☞2・1節）。これとて例外ではありません。

## サヘルの緑化

一九七〇年代からの二〇年ほどの間、アメリカの大気汚染が世界規模で地球を冷やしていたことが知られています（☞4・1・2項）。大気汚染物によるエアロゾルの冷却効果です。これが当時、アフリカで頻発した干ばつの原因だったという報告があります。「過放牧」と「誤った農作業」が原因とされていたのですが、そうではなかったというのです。

一方、熱容量の大きい海が南半球に偏って存在していることもあり、北半球と南半球とで気温の上昇が同じではありません。この差が今世紀に入って大きくなっています。そしてこれが、アマゾン、サハラ以南のアフリカ、それに東アジアなど熱帯域の降雨パターンを変えています。アジアの

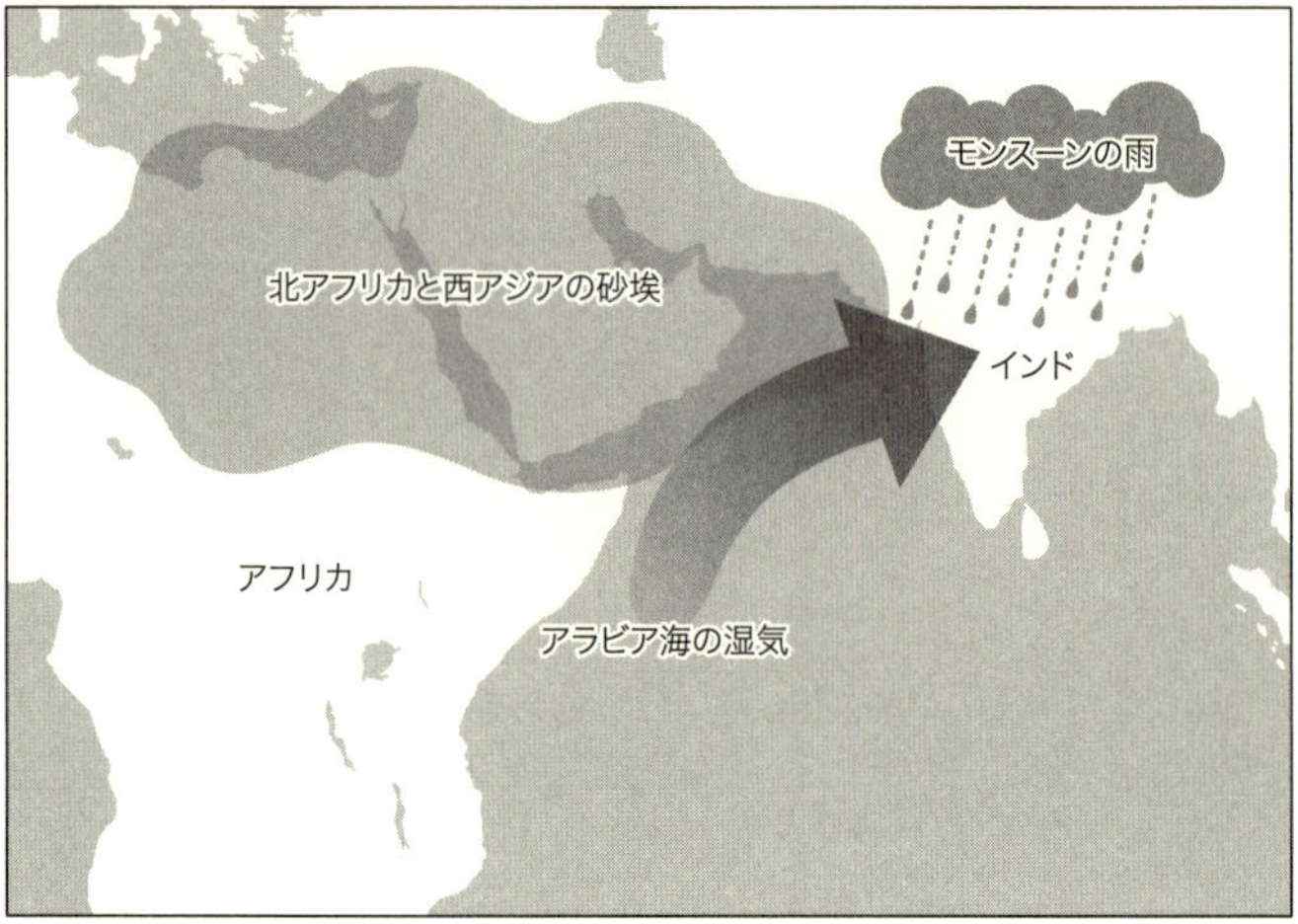


図5－5　インドの雨はアラビアの塵

Pacific Northwest National Laboratory のウェブサイト（http://www.pnnl.gov/news/release.aspx?id=1044）に掲載された図を参考に作成。

モンスーンは強まり、アフリカと中南米での雨季がずれるといわれています。

そこで、成層圏エアロゾルがどのような影響をサヘル（サハラ砂漠の南に広がる半乾燥地域）にもたらすかをモデルで求めたところ、北半球にエアロゾルをまくと干ばつが起こり、南半球だと緑化が起きるという結果が得られています。つまり、エアロゾルのまき方次第で、サヘルを緑にも砂漠にもできるというのです。

この知識は二次災害を防ぐのにもつかえるかもしれません。たとえば、北半球の火山が爆発して、そのエアロゾルでサヘルが干ばつになる危険がみられたら、南半球にエアロゾルをまいて干ばつを阻止するのです（☞4・1・3項）。

### アフリカの塵がインドで雨に

北アフリカと西アジアで舞い上がった塵が、一週間後に五〇〇〇キロメートル離れたインドで雨になるという報告があります（図5－5）。舞い上がった塵が空気を温め、風に乗ってアラビア海を通過する際に水分を取りこんで、インドにモンスーンの雨を増加させるというテレコネクションです。

そうすると、北アフリカで黒色炭素を散布して空気を温めれば、インドに降る雨の量が増加するはずです。干ばつのときには、インドにとってありがたい話です。

このほかにも、気候変動で起きているとされる豪雨や干ばつをはじめとする地球システムの変化も、そのメカニズムが解明されれば、気候制御のジオエンジニアリングにつかえるものがあることでしょう。

## 5・4　雲増白――さらなる探求

さまざまな気候制御のジオエンジニアリング案をみてきました。ここでは、その中でも実行される可能性がある雲増白について少しくわしくみてみましょう。

雲増白では、上空に層積雲がある海域で海水を小滴にして噴き上げます。これで層積雲の雲粒を小さくして、反射率が大きい白っぽい雲に変えるのです。

5・2・2項で紹介したように、船の排煙が種《たね》になってつくられる航跡雲は目立って白いことで有名です。その原因は船が燃料にしている重油にふくまれている硫黄分です。雲増白は同じ効果を塩粒に期待しているわけです。

図5－6は、風を利用した自走式の噴き上げ装置のイメージ図です。これを用いて、どこで雲増白をおこなうとどこに効果があるかがモデルで試算されています。まだ確かではありませんが、たとえばアマゾンの南部に雨を降らせるにはハワイの北で噴き上げ、乾燥させるにはオーストラリアの南の沖で噴き上げるとよいというのです。

効果が地域限定の雲増白ですが、仮に地球全体をこれで冷やすとした場合の試算があります。それによると、一年間で一四億トンの海水を噴き上げると、温暖化を帳消しにできるといわれていま

**図5－6　海水を噴き上げる自走式の船**
船上に垂直に立ち上がった高さ30 mの円筒が回転して推進力を得る300 t自走式ローター船。海水は船底に備えつけたタービン発電機からの電力で噴き上げられて、微小な海塩エアロゾルとなって上空に舞い上がります。

す。これには、毎秒一〇リットルの海水を噴き上げることができる船が一万隻あれば足ります。一隻の値段を三〇〇万ドルとすれば、船の建造で三〇〇億ドルの費用がかかることになります。ほかに、研究開発に三〇〇万ドル、噴き上げ実施と運営に年三億ドルという見積もりがあります。船の建造にかかる時間は、基礎的な研究がいったん始まれば五年ほどで足りるといわれています。

## 高い安全性

雲増白は細かな海塩エアロゾルを層積雲に送りこむもので、風が強いときなどに波が砕けてつくられる自然の現象をまねたものです。安全性は高いと考えられます。

それから、長持ちさせるといっても雲の寿命は短いです。そのため、それなりの効果を得るには、ある期間、継続してやらなければなりません。何かの理由でやめてしまえば、効果は四日ほどでなくなってしまいます。これは原状復帰性が高いことであり、あっけないともいえるのですが、雲増白の有利な点でもあります。

## 期待される効果

実は、海水の噴き上げで本当に雲が白くなるかはわかっていません。

まず、層積雲に海塩エアロゾルを着実に送りこむという、技術的な課題があります。これまでの試行では、噴き上げた滴が寄り集まってしまい、雲に到達する前に落下してしまうことが指摘されているのです。

仮に技術面の課題が解決し、層積雲の増白が思うようにできたとして、何が変わるのか予想されています。たとえば、雲の白さが増せば、雲に覆われた海面に到達する太陽の光が減少し、水温は低下します。その結果、蒸発する海水が減ることが期待されます。これは、雲増白の第一目的である層積雲が雨雲となるのを抑制することと相まって、雨を減らすことになるでしょう。気温が低下すれば、陸からの水の蒸発も減り、その分、川の水が増えることも考えられます。

これらの効果は、あくまで期待されるものであり、実際に何が起きるのかはほとんどわかっていないのが実態です。それでも、このような効果を前提として、雲増白が適用できそうな候補がいくつかあげられています。「北極海氷の回復」、「西部南極氷床の安定化」、「台風制御」、「サンゴ白化の防止と抑制」、「西アフリカと中国東北部の穀物不作の減少」などです。

## 限られた適用範囲

雲増白は、地域と時間の制約を受けます。すでに汚染された空気が流れこむような沿岸では、充分な量の雲凝結核があるのでつかえません。もちろん、増白すべき雲がなくては話になりません。また、増白の自然条件が満たされているといっても、無闇にエアロゾルを噴き上げるわけにもいきません。二〇一四年一月、アイルランドのコーク空港で風防ガラスに付着した海塩エアロゾルのために航空機の着陸ができなくなりました。自然と社会の両面でちょうどよい条件が整ったときだけ実行できるのです。ですから、層積雲を求めて海をあちこちと動き回って海水を噴き上げることになります。層積雲が近くに見つからず、海をさまようものも多いことでしょう。

雲を利用したジオエンジニアリング案である雲増白は、「まだ知らないことが多く、夢を語っている」レベルです。

## 人工降雨も雲をつかめていない

昔から実行されており今でも多数実施されている人工降雨でさえ、本当に効果があるのかわかっていないのです。多少とも確かめられていることといえば、二〇〇八年にアメリカ気象学会が報告している「今にも雨が降ってきそうな雲を狙えば、一割くらいの雨量増加がある」というくらいです。まだその程度なのです。

人工降雨の話題でよく知られている最近の例は、二〇〇八年の北京オリンピックです。開会式当日、会場に雨が降らないようにと、ヨウ化銀を積みこんだ小型ロケットを一〇〇〇機あまり空に打ちこんで、雨雲を消滅させようとしました。お聞きになったことがあるのではないでしょうか。まさに、雲を消滅させるアイデアです。

確かに開会式は晴れていました。でもこれが、小型ロケットのお蔭だったかはわからずじまいです。まして、地球が冷えたのか温まったのかはまったく知られていません。

北京オリンピックの五年前には、ロシアのプーチン大統領が大失敗をしています。G8、EU、中国など四二か国、三機関の首脳が参加したサンクトペテルブルク建都三〇〇周年記念式典のときです。

ピョートル大帝騎馬像前での歓迎式典を成功させようと、近づく雨雲を消すために七〇〇〇万円

（当時）をかけて戦闘機一〇機を動員しました。ところが、プーチン大統領が公賓を大聖堂へと案内しようとしたそのとき、天が裂けたかのような土砂降りになって式典が台なしになったのです。

雲の様子から天候を予想するのは昔からやっています。でも、空を見上げれば浮かんでいるありふれた雲を、人間が操ることは今でもできないのです。

## 科学的実験をする

するのは当たり前なのに実行が難題なものに、「結果を確かめられる実験」があります。どんなデータをどうやって収集し解析するかが実は一仕事です。これまでほとんどの人工降雨の実験では、効果の有無を確定できるデータを特定し収集することができていませんでした。

ですから、そういったことを可能にする地球システムに対する知識の集積と観測体制の整備が第一に求められるのです。そうしないと、科学を装ったペテン師にあふれた一〇〇年あまり前の雨乞い師と区別できなくなってしまいます。

## 副次効果を解明する

雲増白の科学的実験ができるようになり、仮に思い通りに海面付近の気温が下がったとします。しかし、そこは海。私たち人間は陸で暮らしているのですから、冷却効果が陸におよんでほしいのです。

それが、どの程度になるのかはわかっていません。むしろ、海の温度が下がった結果、海と陸との温度差で起こる風の流れが変わってしまうことが心配されています。

また、下がった気温が与える海流への影響、入射光の低下による海洋生態系への影響、エルニーニョなど各種循環への影響などを知ることは、気候制御に共通の未解明な課題です。

## 気候制御を科学にする

雲増白は、気温を下げる可能性があり、原状復帰が容易で安全性も高いものです。

ただ、今の私たちの理解では、層積雲に塩粒を着実に送りこむことをはじめとして、雲増白の提案には未解明・未達成のことが多々あります。雲の挙動、噴き上げ量のスケールアップに伴う変化、二次的三次的効果などです。


これらの知見がないために、雲増白そのものがつかえるものなのかさえも、今はわかりません。雲増白をシミュレートする気候モデルも、何をどうやってモデルに取りこむかが定まらなければ無力です。改良が求められます。気候モデル間での不一致も解決しなくてはなりません。


4・4節で、成層圏エアロゾル散布が安価に実行できるため、「地球の気候システムを改良しようとして、社会の合意なしにエアロゾル散布が実行されてしまう危険性」について記しました。実は、同じことが気候制御でも起こります。気候制御では、効果が地理的に限定されるだけに、特定の地域のメリットを目論んでジオエンジニアリングを実行してしまうかもしれません。そして、その結果、予期されない、制御不能な、後悔先に立たないことがもたらされる可能性があるのです。

そんなことが起こらないように、気候制御が実行されたときに検出し、公開し、効果を評価し、対策を提案できる体制が必要なのです（☞2・1節）。

海塩を噴き上げる直接の実験に入る前に、やることは沢山あるのです。反射率を変えることが、どんな条件で気候にどのような影響を与えるかを理解しているとはいえないからです。

その意味で、雲増白を一つの目標として、その実現に関連した基礎的な知見を得るのが第一に取り組むべきことです。

たとえば、気球、飛行機、ライダー（レーザー光で物体の距離をはかる仕組み）、人工衛星などによる地球システムの観測体制を整備し、大気の熱収支の途切れない観測、火山ガスのゆくえ、エアロゾルと雲の相互作用、天然および人工のエアロゾルの追跡、大気と海の熱交換などについて確かな知見を得るのです。雲増白に特化した知識ではなく、地球システム全体にわたる知見の充実がまず必要だといえます。

# 第六章　捕集貯留

最初にお断りしておかなければならないことがあります。それは、現在の捕集貯留のジオエンジニアリング案には、まるでエアポケットのようにエアロゾルが抜け落ちているということです。大気中の物質を捕集して地表温を制御しようとするのであれば、エアロゾルについても温室効果ガスと同等の配慮が求められます。それがまったく欠落しているのです（☞豆事典「エアロゾル」）。5・2・3項で、灯油ランプの使用をやめて黒色炭素由来のエアロゾル発生を抑制する活動を紹介しました。これはジオエンジニアリングとしてではなく、健康問題解決として取り組まれている活動です。

エアロゾルになる大気汚染物を廃ガスから除去することは取り組まれていますが、大気中でのエアロゾルの働きを解明し、その気候への影響を操作するような取り組みは遅れています。ジオエンジニアリングに限らず、温暖化の議論においてさえ、エアロゾルのことは一般に紹介されることがわずかです。これはまさに片手落ちです。

さて、そう申し上げたうえで捕集貯留技術についてみてみましょう。

## 6・1　期待の集まる捕集貯留

二〇一四年にだされたIPCC第五次評価報告書では、二酸化炭素の大気への廃棄を二〇五〇年までにやめ、二一〇〇年には大気から二酸化炭素を捕集すべきだとしています。さらに、二〇一五年にだされた全米科学アカデミーによるジオエンジニアリングに関する報告書では、捕集貯留技術が全球工学や多くの気候制御にみられる太陽放射を制御する手法とは異なり、リスクが低く効果も期待できると位置づけ、コスト低減に向けた研究の推進を提唱しました。

二〇一五年の暮れに開かれたCOP21で採択されたパリ協定では、「今世紀後半に温室効果ガスの実質排出ゼロをめざす」としました。これは、大気からの捕集を大気への廃棄と同等に重視することです。地球システムの生命維持力が劣化していくのを目のあたりにして、捕集貯留技術に期待が寄せられているのです。世界全体で大気中二酸化炭素の収支をゼロにするには、一年でおよそ四〇億トンの炭素を新たに捕集貯留しなければなりません。

### 未曽有の規模

四〇億トンの炭素捕集とは、一体どれくらいの作業でしょうか？

二酸化炭素の重さは炭素のおよそ三・七倍になります。ですから、年間四〇億トンの炭素を捕集するとは、二酸化炭素を一五〇億トン近くも捕集することになります。

現在、私たち人間が扱っている物質で、これだけの量になるのは水と土砂以外にはありません。それも多めに数えたときだけです。

たとえば鉄。鉄は、もっとも大量につかわれている金属です。その生産量（粗鋼）は、一桁小さい年間一六億トン。食料は、全部合わせても一年で五〇億トン。エネルギーとしてつかっている石油、石炭、天然ガスの総計でようやく年間一〇〇億トンあまり。

毎年、一五〇億トンの廃棄物を捕集し安全に処理するには、よほどの決意がなければなりません。期待が高まる捕集貯留技術には多くの提案があります。これから、そのおもなものについて見ていきます。なお、話題が多岐にわたるため、どうしても煩雑かつ散漫になってしまいます。そこで、附表❹にそれぞれの特徴、附図に相互の関連をまとめました。読み疲れたときにでも整理をかねてご覧ください。

## 捕集貯留は稼働中

捕集貯留にはさまざまな形態があります。たとえば、造林や植林も二酸化炭素の捕集になります。自然の森林ばかりか、海や岩さえも二酸化炭素を捕集しているのです。ケイ酸塩の岩石が風化したり、海に溶けこんだ二酸化炭素がカルシウムなどの陽イオンと反応して石灰岩になったりするのは、生物が地上に現われる前から起きていた捕集貯留です。太古の地球で何十気圧もあった二酸化炭素は、この作用で大気から失われ、地球は極端な温暖化から救われたのです。

現在の地球では、自然に起きている炭素の捕集は陸と海をあわせて毎年ざっと二〇〇億トンで、ほぼ等しい量の炭素がバランスをとって二酸化炭素として大気に放出されています。私たち人間が排出している二酸化炭素（炭素の量で年間八九億トン）のおよそ半分を、この自然のプロセスが捕集しているのです（☞豆事典「物質循環」）。

そこで、これらの働きを増強して大気中二酸化炭素を減らそうというアイデアが数多く提案されています。また、自然の力を利用するのではなく、捕集剤とよばれるものを別に用意して人工的に二酸化炭素を捕集する案もあります。

## パイプ末端技術

有害なものを環境に放出せずに発生場所で捕集してしまう技術は、公害防止の分野で「パイプ末端技術」として知られています。これは、工場から排水を外部へ放流する直前に処理設備を設け、発生源での最終出口で有害物質を捕集することに由来した命名です。

捕集貯留は、このパイプ末端技術としてつかうことができます。製品やサービスを提供する工程（プロセス）を根本的に変えて二酸化炭素が生じないようにするのではなく、生じたものを出口で処理して大気に捨てないですませるための技術です。

一方で、捕集貯留の方法の中には、正の副次効果が得られるものがあります。たとえば、生物の光合成を利用する捕集です。

光合成が二酸化炭素を利用することはよく知られています。その結果、植物は酸素を生みだし果物や野菜、お米までつくります。食べられない繊維や木部はいろいろな製品の材料につかえますし、燃やして燃料にすることもできます。海の藻類は貝や魚の餌になります。

このことから、捕集貯留の提案では副次効果についても考慮する必要があります。メリットが二酸化炭素のパイプ末端での処理に限られる案よりも、正の副次効果があるほうが実行しやすいからです。しかも、副次効果の産物が有効に利用される結果、そうでなければつかわれたであろうほかのものの需要を減らすという、二次的な正の副次効果も起こり得ます。

## 6・2 捕集から貯留へ——五つのステップ

### 捕集と貯留を結ぶ輸送

捕集貯留では、「捕集」と「貯留」の間に一つステップが挟まっています。それは、「輸送」。輸送は、私たち人間の社会で異常ともいえるほどに発達しています。地球全体をおおう交通網は人類圏を特徴づけています。そのためもあるのでしょう。輸送は捕集貯留技術の研究開発対象になっていないようです。しかし、ジオエンジニアリングを大規模に実行する際には大事な要素となります。

たとえば、輸送に伴って発生する二酸化炭素が捕集貯留される量を上回るとしたら、こんな愚かなことはありません。それほどではなくても、輸送が経済的に見合うものでなければ、これも実現できないでしょう。

## 回収と一時保管

また「捕集」には、文字通りの「捕集」に加えて、「回収」と「一時保管」の二つのステップがふくまれます。

捕集のあと、捕集剤が捉えた二酸化炭素を捕集剤から引き離し濃縮するステップが「回収」です。これには、捕集剤を繰り返してつかえるように再生する過程もふくまれます。

「一時保管」は、莫大な量になる回収物を、安全に保管し、輸送に備えるステップです。

捕集貯留の提案の中には、たとえば「捕集」のステップがうまくいけば、あとはあまり心配なく完結するものがある一方で、そうとはいえないものもあるのです。

## 五つ揃って一人前

五つのステップがあわさって完結する捕集貯留技術の中でも、捕集と貯留の二つが技術開発の点でとくに大事であるため、全体を捕集貯留とよんでいます。しかし、技術的にはすでに多くが開発されている輸送や一時保管も、捕集貯留をシステムとして成り立たせようとした途端、その経済的側面や捕集貯留全体を通したスムーズな収まりなどが問題になってしまうことがあります。

この整合性の重要さを示す例に、ドイツのバイオマス発電があります。

ヨーロッパの火力発電所では、燃料に木材を盛んにつかっています。そしてドイツでは、廃材チップなどのバイオマスを利用した火力発電が大型化するにつれて、バイオマスの供給が困難になってしまいました。そこで、「継続的にバイオマスを入手し発電所まで輸送できる」という観点で発電所を中小規模に切り替えたのです。

現在提案されている捕集貯留技術の多くは、五つのステップのいずれかに焦点をあてた要素技術、いわば部品です。全体での整合性は考えていません。

どんなに要素技術としてしっかりしていても、二酸化炭素の発生から処分までの全体が整合していなければ総合技術としては失格です。「どこで捕集するか」、「どこで貯留するか」を具体的に定めないと、その実現性についていて何もいえないのです。

ここでは、このことに気をつけながら、これまでの案の多くが取り組んでいる「捕集」と「貯留」の二つのステップに分けて提案を見ていくことにします。

なお、「せっかく捕集で集めた炭素を単に貯めておくだけでなく有効利用しよう」という提案が、数多くあります。これは、6・5節で記します。

## 6・3　炭素の捕集

二酸化炭素の捕集には、二酸化炭素を発生源で直接集めるものと、大気中に広がってしまったあとで捕集するものの、二通りがあります。

温室効果ガスを大気に捨てないのが一番なのですが、実際にはほとんどの二酸化炭素が今でも発生源から大気中に廃棄されています。大量に二酸化炭素が捨てられている場所といえば、化石燃料をたくさん燃やす火力発電所や製鉄所が最初に頭に浮かびます。でも、ほかにもあります。石灰岩を焼いてセメントをつくるとき、あるいは油田から天然ガスを採取するときにも大量の二酸化炭素がでてくるのです。これを「スポット発生源」とよんでいます。

### 6・3・1　スポット発生源

大雑把にいって、人間活動で排出される二酸化炭素の半分以上がスポット発生源からでてきます。

#### 捕集剤の開発

こういうスポット発生源での捕集には捕集剤をつかうのが一般的です。水酸化ナトリウム、炭酸カリウム、それにモノエタノールアミンやジグリコールアミンなどのアミン類、さらにはゼオライトとよばれる鉱物や金属有機構造体が代表的な捕集剤です。ほかには、膜をつかって二酸化炭素を燃焼ガスから分離し捕集したり、多孔質液体などの特殊な固体や液体に吸収させたりする手法もあります。

スポット発生源で二酸化炭素を捕集する研究では、燃焼前の処理と燃焼法の改善とともに、安価で高温でも安定といったつかい勝手のよい捕集剤の開発が盛んにされています。最近でも、これまでの特長を兼ね備え、かつ混入ガスの選択性が高く二酸化炭素の回収に必要なエネルギーも小さいうえに、連続して捕集と回収をする優れものや、繰り返し再生可能な吸収剤をマイクロ・カプセル化して捕集効率を桁違いに高めたものが提案されています。また、私たちの体の中で働いている二酸化炭素を炭酸水素イオンにする炭酸脱水酵素をまねて、産業環境でつかえる捕集剤を開発する突然変異を利用した研究、あるいは風化促進（☞6・3・5項）にもかかわりそうな粘土鉱物からの捕集剤探索なども報告されています。

## 捕集のあとに残る課題

スポット発生源での問題は、むしろ、回収したあとにあります。二酸化炭素が大量に発生するスポット発生源の近くに貯留に適した場所があるとは限らないからです。

スポット発生源で捕集された二酸化炭素を貯留する方法として一般的に想定されているのは、安定した地層に閉じこめるもので「炭素捕集貯留」とよばれています。捕集もふくんでいるように思われ、誤解を招く呼称です。この和訳語の元となった英文の頭文字をとって「ＣＣＳ」とよぶことも多いので、本書ではこれを用います（☞7・3節）。

このＣＣＳ技術がつかえる安定した地層の位置を考えて、火力発電所やセメント工場を立地してあればよいのですが、そのようなことはこれまでまったく考えていませんでした。たまたま条件に恵まれていたノルウェー沖合のスライプナー天然ガス田では、発生する二酸化炭素を捕集してガス田に戻しています。でも、これは例外です。

今後、条件に恵まれていないスポット発生源で捕集から回収、一時保管、輸送を経て貯留にいたる道筋を完結させるためには、多くの技術的・社会的・経済的課題を解決しなければなりません。

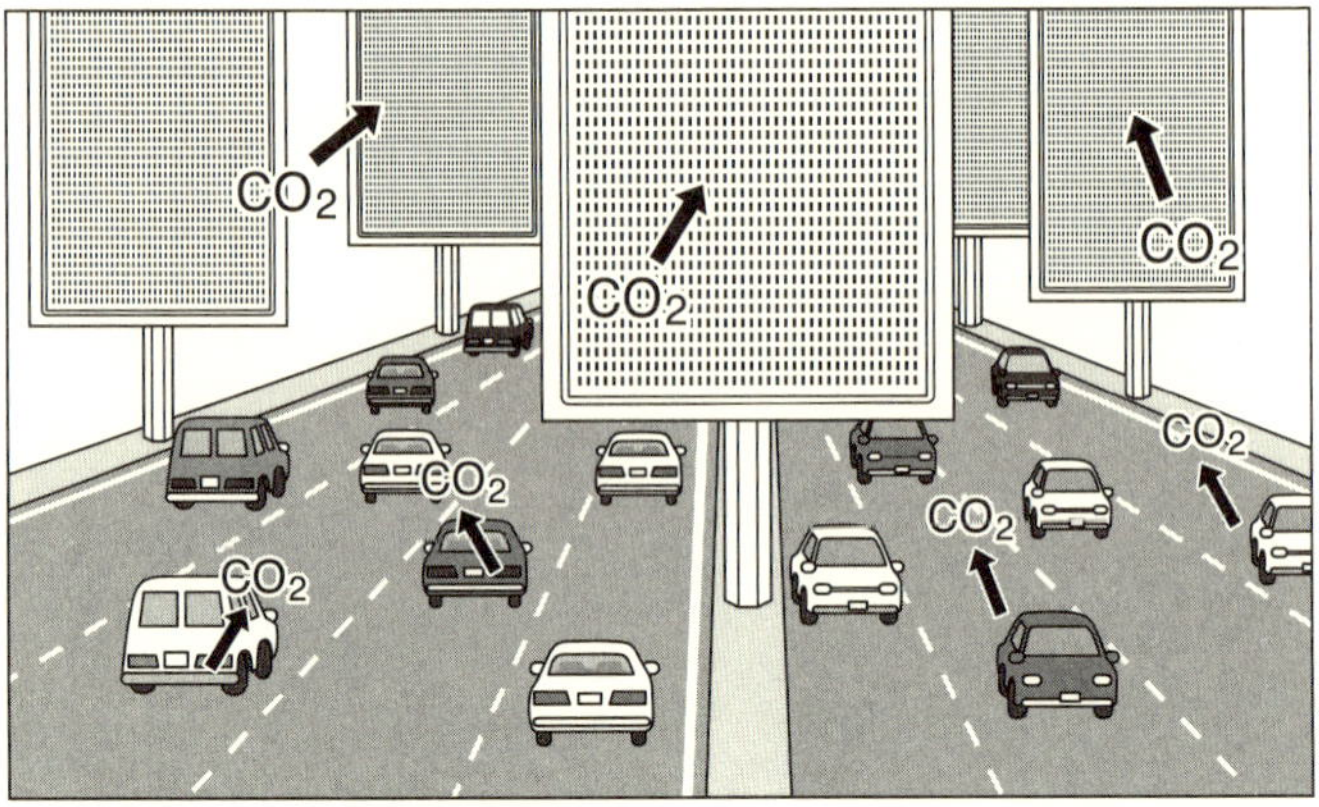


図6－1　道路に沿って設置された二酸化炭素捕集装置（イメージ）
捕集面は広告にも使うことができます。また、景観を考慮して、道路脇の防音壁などに装置を組みこむことも可能です。

### 6・3・2　空気捕集

大気に薄く広がった二酸化炭素を集める案は多数あります。

なかでも、人工的な捕集剤を用いて大気中の温室効果ガスを捕集しようという案は「空気捕集」とよばれ、そのほとんどが二酸化炭素を捕集の対象としています。口絵⑧はその一例です。口絵で「ハエたたき」のように見える「二酸化炭素捕集塔」を、樹木にたとえて人工樹とよんでいます。

図6－1は、二酸化炭素が広く薄く発生する道路に沿って配置された人工樹の様子を示すイメージ図です。車の排ガス中に二酸化炭素が比較的高濃度でふくまれているので、道路沿いに設置すると効率よく捕集できるのです。

特別な捕集剤をつかわない方法も提案されています。自然におきている岩石の風化や生物の光合成を利用するのです。

低濃度での捕集では、捕集したあとの炭素の状態に二通りあります。一つは、高濃度になった二酸化炭素であり、空気捕集の場合がこれにあたります。高濃度になった二酸化炭素の貯留は、その多くが、スポット発生源で捕集した二酸化炭素と同じCCSで地中や海底地殻中に貯留することを想定しています（☞7・3節）。

もう一つの状態は、炭素が有機物や炭酸塩などに変化しているもので、この場合の貯留法はさまざまです。貯留せず、素材や食料・飼料として活用しようという提案もあります。一通りのどちらにしても、捕集後の炭素のゆくえについての詳細は6・4節をご覧ください。

## 低濃度捕集剤の特性

空気捕集でつかう捕集剤には、スポット発生源とは違った特性が要求されます。たとえば、集める二酸化炭素の濃度が低いために設置する数がどうしても多くなることから、低コストで二酸化炭素だけを集める選択性の高さです。

さらに、広域で大量につかわれるために頻繁な手入れができないので、化学的に安定であり、あつかいも煩雑でない安全性の高いものが望まれるのです。

それから、捕集した二酸化炭素の回収が容易なことは捕集剤共通に求められます。いくら集めるのが得意でも、いったんくっついたら絶対離さないような捕集剤では役に立たないからです。ただし、これには例外があります。6・3・5項に記すケイ酸塩鉱物です。地球の地殻とマントルを構成するケイ酸塩鉱物は、すべての二酸化炭素を捕集してもまだ余ります。事実上無尽蔵な捕集剤なのです。そのため、むしろ強固に二酸化炭素と結びついて、そのまま貯留してしまう性質が優れた特長になります。

## 空気捕集の利点

薄まってしまったものを集めるのは、沢山ある場合にくらべて難しいのが普通です。でも、空気捕集なりの利点もあります。スポット的に発生するものは、当然、時間や場所が限られています。空気捕集は、それとは関係なく、いつでもどこでも装置を設置し稼働できます。

発生源から離れた場所でも捕集ができる点は、大気から自然に二酸化炭素を捕集している樹木でも同じです。ただ植物は、光と水、それに栄養と適切な温度を必要とします。口絵⑧にあるような「人工の樹」ならば、樹木が育たない砂漠のような荒地でも設置でき、夜だって大丈夫です。

## 人工樹の課題

アメリカ物理学会が、人工樹による空気捕集に関する技術評価報告書を二〇一一年にだしています。その結論は、空気捕集が未開発な技術であり、楽観的な見通しでコストを見積っても二酸化炭素一トンあたり六〇〇ドルとなり、当分の間、経済的に引きあわない技術だとしています。

別の試算では、人工樹が捕集した二酸化炭素を回収する際に、一キログラムあたり一メガジュールほどのエネルギーが必要としています。大気中の二酸化炭素濃度に影響を与えるには、一〇〇〇万本ほどの人工樹が必要といいます。また、捕集の際につかわれる水の量が莫大になるという試算もあります。

地球規模で意味がある技術になるためには、効率とコストの大幅な改良が求められるのです。

### 6・3・3　海の捕集力

現在、私たちが大気に廃棄している二酸化炭素の四分の一を海が捕集しています。数万年という時間では、この海による捕集が大気中の二酸化炭素濃度を決める主要な因子です。

#### 物理ポンプと生物ポンプ

海が二酸化炭素を捕集する経路には、生物によらない「物理ポンプ」と生物の働きによる「生物ポンプ」とがあります。このうち、物理ポンプの働きを決める大きな因子は温度とpHです。温度が低いほど、またpHが高いほど、二酸化炭素は海に溶けこみます。一方、生物ポンプは、海の表面で太陽の光を浴びた藻類が育つ中で炭素が捕集されることをいいます。

どちらのポンプも大気と接する海表面で二酸化炭素を捕集します。大事なのは、そのあとです。捕集された二酸化炭素が海面下に移動しないと、すぐにポンプの働きが低下してしまうのです。表面水の容量がいっぱいになってしまうからです。捕集された炭素の沈みこみは、ポンプの働きを決める大きな因子です。

ところが一般に、表面の海水は温かく軽く、下の海水は冷たく重いです。そのため、互いに混ざりあうことは滅多にありません（☞5・2・6項、豆事典「海洋大循環」）。これが、物理ポンプの難点になります。一方、生物の遺骸はそのままだと水よりも重いので沈むことができます。ふわふわしていかにも軽そうなクラゲでさえ、その遺体は一日で一キロメートルも沈むといわれています。微小な植物プランクトンも、動物プランクトンに食べられて糞塊（フィーカル・ペレット）となれば、一日数百メートルの速さで沈降し、途中で溶けずに深海に到達します。また、北大西洋では海の条件が整っているために一般には沈みにくいカイアシ類の脂質が選択的に沈降する「脂質ポンプ」が知られています。

それでも、生物ポンプは、生物の生長を担保する条件が満たされていないと始まりません。日射、温度、栄養、pH、塩分濃度、それに捕食者や病原微生物など、ほかの生物の存在です。これは6・3・4項に記します。

物理ポンプは、「メキシコ湾流の沈みこみを人工的に強化して捕集力を強める」アイデアを5・2・6項ですでに紹介しました。そこでここでは、pHを変えるという化学的な手段で物理ポンプを強める提案を紹介します。

## 海にも生き物の暮らしがある

物理ポンプを利用するときに気をつけなくてはならないことがあります。生物への影響です。これは、海洋の酸性化を思いだせばわかります。生物はpHの変化に敏感なのです。海水のpHを高くすれば二酸化炭素はよく溶けます。そこでpHを高くすることに熱心になると、少しの行き過ぎが生き物にとって禍《わざわい》に転じかねません。

海でおきている化学反応はとても複雑で、それを思ったように操作するのは容易ではありません。

しかも多くの生物が暮らしている場所であり、陸に暮らしている私たちはその様子をよく知っているとはいえないのです。ちょっとしたpHの変化が魚の生殖行動や貝殻の形成に支障をきたすことが知られています。机上の理屈では可能なようであっても、実際の海にすぐ適用できるとは限らないことに気をつけながら、それぞれの提案をみていきましょう。

### 炭酸の化学を利用する

鍾乳洞は二酸化炭素をふくむ雨によって石灰岩が風化してつくられます。この反応で生じるカルシウムイオンを利用するのです。すなわち、石灰岩を砕いて海に投入すると、カルシウムイオンが溶けるために二酸化炭素の捕集が促進されると同時に、海水の酸に対する緩衝力が高まり酸性化もおさえられるというアイデアです。

深い海で同じ反応をさせようという提案もあります。海の表層は炭酸カルシウムで過飽和になっていますが、深いところでは飽和していません。そのため、投入された石灰岩は、深海に沈降し、そこで二酸化炭素と反応して炭酸水素イオンに変わります。こうして二酸化炭素が捕集されるのです。そのうえ、この反応で生じるカルシウムイオンによってアルカリ性が増した海水を、パイプなどをつかった水塊交替法で、海表面まで運んで空気と触れさせ、海の酸性化を抑制しようというのです。

この案の課題として、大量の岩石粉を投入することが海の生態系に何らかの問題をおこす可能性が指摘されています。

## 廃棄二酸化炭素を利用する

火力発電所やセメント工場などのスポット発生源から排出される二酸化炭素濃度の高い廃棄ガスを、海から汲み上げた海水中で石灰岩と反応させてカルシウムイオンと炭酸水素イオンをつくり、これを放流するという考えもあります。この方法は、スポット発生源が海岸近くにあり、容易に石灰岩を手に入れることができれば、実行可能です。二酸化炭素を捕集せずに処理できるという利点がある方法です。

この案に沿って実験室でシミュレーションした結果では、廃棄ガス中の二酸化炭素が九割以上捕集され、八割を超えて海水中に見いだされました。また、海表面の海水は普通、炭酸カルシウムが過剰に溶けこんだ状態にあり、いつ沈殿してしまってもおかしくないのですが、ここに新たに加わる炭酸水素カルシウムは、海水中に共存しているほかのイオンのために沈殿せずに溶けた状態でとどまり、高いアルカリ性を保っていたとのことです。

この方法が、現実の場でどのような結果をだすかは、まだ報告されていません。放流口の近くの生物に対する影響は未知であり、そのコストの見積もりもなされていません。

## 生石灰で強力に

石灰岩を焼いて酸化カルシウム（生石灰）をつくり、それを海水に加えて二酸化炭素の捕集力を高めようという提案もあります。この場合も、アルカリ性の物質が加わることにより海の酸性化抑制に役立つことになります。

石灰岩を焼くのはセメントつくりと同じで、二酸化炭素がでてきます。また、焼くのにはエネルギーがかかります。このエネルギーを化石燃料で賄っていたのでは、石灰岩と燃料とから発生する二酸化炭素の量と捕集できる二酸化炭素の量とほぼ同じになってしまいます。これを避ける方法がいくつか提案されていますが、どれも机上の話にとどまっています。

そのほか、この方法で解決されなければならないことは、散布にいたるまでのコストと安全性、水があると発熱し水が沸騰するほどになる強アルカリ性の生石灰を輸送する方法と、その際のさまざまな影響、そして散布後の海の生態系に対する影響です。

### 電気分解で

海の捕集力を化学的に高めようとするときに大きな課題になるのが、反応に応じた化学種を用意することです。これが自然に得られそうもない場合に、電気エネルギーをつかって必要なものをつくってしまおうという提案があります。

たとえば、「石灰岩を電気分解してカルシウムイオンをつくり海に放流する」というものがあります。炭酸カルシウムを電気分解してつくった水酸化カルシウムを二酸化炭素と反応させると、大気中の二酸化炭素を捕集し、同時に、カルシウムイオンで海水のアルカリ性が増加し二酸化炭素が海に溶けこみます。

さらに、炭素電極を用いて海水を電気分解するという案もあります。この場合、水素と塩素が発生し、海水は同時に生じる水酸イオンでアルカリ性になり二酸化炭素が溶けこみます。しかも、発生した水素はエネルギーや原料としてつかえます。この案では、同時に発生する塩素ガスの利用も検討されています。

当然ながら、これらの方法を実行できるところは、二酸化炭素を生じない方法で電力を大量に用意できる場所に限られます。たとえば、太陽光にあふれた低緯度の海岸に隣接した砂漠、あるいは水力による発電が充分あるカナダの一部やアイスランドのようなところです。

以上のように、海の捕集力を高める目的で化学反応をいろいろと工夫したジオエンジニアリングの提案がされています。そればかりか、その延長上には、これら一連の反応を排水処理に応用して、排水処理場を、「エネルギーを消費して二酸化炭素を発生する場所」から「二酸化炭素を捕集してエネルギーを生みだす場所」に変えてしまおうというものまであります。いずれ、これらの提案から実際に役立つものがでてほしいものです。

### 6・3・4　生物の利用

生物を利用する捕集では、大気中の二酸化炭素を有機物に変える光合成の働きを利用します。草木や藻類を育てるのです。これは、二酸化炭素による温暖化が問題になる遥か以前から、有用な生物資源を得るために私たちがやってきたことです。そのため、捕集で得られた有機物を資源として活用するのは得意です。この正の副次効果が、生物を利用した捕集の強みです。

## 生物の捕集はビッグ

生物による光合成は、陸ではおもに植物が、海ではおもに藻類がおこなっています。捕集した炭素を利用して自分の体をつくり、エネルギー源としてもつかうためです。陸での光合成が全体の六割、海が四割を占め、一年で捕集される炭素は合計二〇〇〇億トン。私たちが大気に放出している量の二〇倍を超えます。自然による炭素捕集はそれほど大きいのです。

大気中の二酸化炭素濃度は、「夏に薄く冬は濃く」と季節によって変動します。陸が多い北半球が夏のときに、陸上植物が盛んに光合成をして二酸化炭素を捕集するからです。この変動幅が過去半世紀で五割も増えています。その原因は、アメリカと中国でのトウモロコシ栽培の増加といわれているのです。これは、農業が地球環境に与えている影響の大きさを示しています。ですから、栽培法を工夫するだけでも二酸化炭素濃度にかなり影響するはずです。

## 生物特有の制約

生物を利用する場合には、生物が生きていくのに必要な条件を整えなければなりません。温度、水分、日照、それに栄養です。また、生物はほかの生物とつながり依存しあって暮らしていますから、一つの種類が極端に増えたりすれば、つながりを乱してしまい、結局、捕集の働きを果たせなくなってしまいます。生物を利用するときには、これをよく考えておかなければならないのです。

光合成を利用して二酸化炭素を捕集する場合、陸上でも海の藻類でも、栄養の不足が生長の制約となることが多いです。そこで、そういった栄養を回収して循環させ、固定された炭素は炭にして保存するなどの工夫をする提案があります。ところが、栄養を回収してふたたび生物がつかえるようにするのは簡単ではありません。植物の生長に欠かせない栄養素であるリンの再利用が長らく課題となっていながら、今でもつかい捨てにしていることは、その象徴です。

正の副次効果との順位づけも考えておかなければなりません。食料や材料、そしてバイオ燃料などほかの用途との臨機応変な仕分けがベストでしょう。

栄養の循環経路の設計や炭素の分離法の確立に加えて、その規模を大きくしたときに生じる問題――必要なエネルギーの確保と省エネ、経済性――、これらもポイントとなります。

## 樹木を増やす

人間活動由来の二酸化炭素排出量の一割あまりが、森林面積の減少にみられる土地利用変化によると考えられています。ですから、樹木を増やすことは二酸化炭素の削減に効果があるのです。しかも、生長した樹木はあまり手をかけなくても、一〇〇〇年くらいはそのままにしておけます。安全な貯留もできるのです。二〇一四年にIPCCがだした第五次評価報告書でも、植林は気候変動に対する有望な対策とされました。

これまで植林は広く実施されてきました。今では、全森林面積の七％が植林されたものです。私たちの経験は豊富といえます。しかも植林には、炭素捕集のほかに、水源の涵養《かんよう》や斜面安定化などの公益的な機能も加わり、生物多様性の保全など正の副次効果が多数あります。

だからこそ、森林の炭素蓄積量を増加させる提案が、「途上国での森林減少・劣化による温室効果ガスの排出を削減し、森林に炭素を蓄積する計画」（略して「ＲＥＤＤプラス」）という名で、気候変動枠組条約締約国会議で議論されているのです。また、二〇一四年の国連気候サミットで発表された「森林に関するニューヨーク宣言」でも、二〇三〇年までには自然林の消失を食い止め二〇〇万平方キロメートルの森林を再生する目標が設定されています。

ある楽観的な推定では、今から四〇年後には二酸化炭素削減量の三割以上を森林が担っているとされ、耕作地の適切な管理もふくめると化石燃料からの排出をすべて埋めあわせるばかりか、さまざまな生態系サービスを高める可能性まであげられています。

植林をヨーロッパで大々的におこなった場合のシミュレーション結果では、中央ヨーロッパで〇・四℃気温が低下するばかりか、夏の降雨量が一割以上増加し、湿度も高まり、土壌の侵食を防ぐなど、さまざまな正の副次効果が挙げられています。

一つ気になることがあります。時間です。二〇〇九年に国際森林研究機関連合が国連に提出した報告書には、「気温が二・五℃上昇すると、樹木の炭素捕集力は失われるかもしれない」とあります。気温が高くなってからでは遅いのです。

## 藻類を育てる

もともと地球上で二酸化炭素を一番蓄えているところは海です（☞豆事典「物質循環」）。そのうえ、産業革命以来、人間活動が大気に廃棄した二酸化炭素の四分の一を、海は自然に捕集し貯留しています。この大半が生物ポンプの働きといわれています。

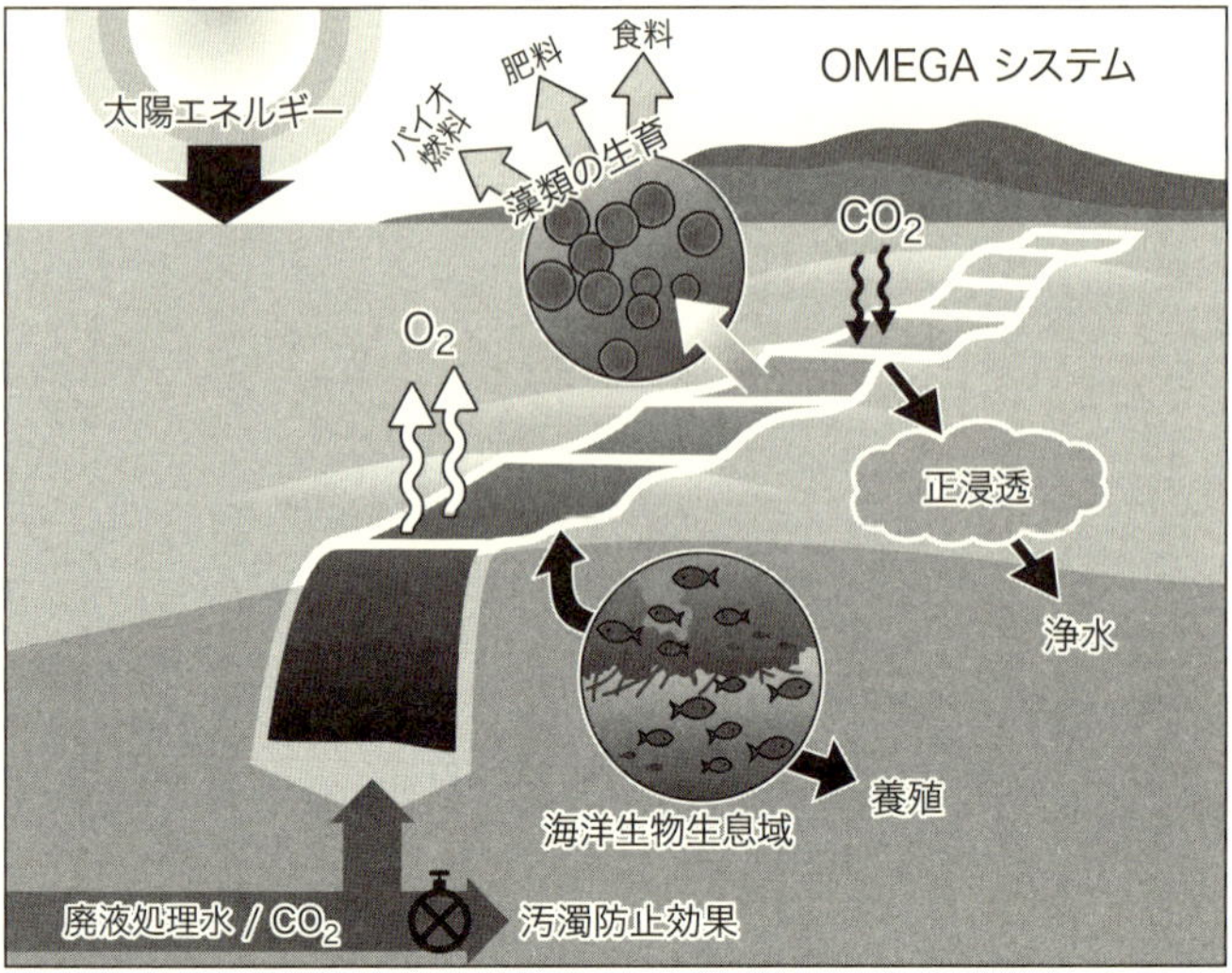


図6－2　NASAのオメガ計画

「オメガ」は、英文での構想名 Offshore Membrane Enclosures for Growing Algae の頭文字 OMEGA に由来します。NASA による原図を参考に作成。

そこで、海の力にも期待がかかり、いくつかの提案がされています。

一つは、海の藻類に二酸化炭素を捕集させようという提案です。その視点で、藻類を燃料や材料として利用する場合の課題が調べられ、海洋生態系への影響も調べられています。

たとえば、昆布やワカメのような大型の藻類は収穫が容易なので、食料、燃料、それにパルプとして製紙材料につかうというのです。

## オメガ計画

図6－2は、淡水性の藻類を透明なプラスチック製の袋に廃水処理水と一緒に入れて海に浮かべ育てる、アメリカ航空宇宙局（NASA）による「オメガ計画」とよばれるアイデアです。これで、

廃水の浄化と大気中の二酸化炭素捕集の一石二鳥を実現します。二酸化炭素が減るために海の酸性化も防ぐので一石三鳥かもしれません。そのうえ、育った藻類からはバイオ燃料、肥料、それに食料まで生みだし、アメリカの安全保障に貢献しようという計画です。

オメガ計画では、藻類の培養につかうプラスチックの袋をバイオリアクターとよんでいます。生物反応を利用した装置だからです。このようなバイオリアクターを建物の壁に設置し、そこで二酸化炭素を捕集しようというアイデアもあります。これは、イギリス機械工学協会が提案しています。

## 海洋肥沃化で氷期を取り戻す

生物ポンプを強化しようというのが図6－3に示した「海洋肥沃化」です。生物ポンプによって分解せずに素早く深海に沈みこんだ生物遺骸の炭素は、数百年から数千年の間、深海に隔離されて貯留されるといわれています。そこで、藻類の生長に不足している栄養を海に散布して生長を促し、いずれ遺骸が深海に貯留されるのを期待しようというのです。

海洋肥沃化は、海洋生態系の仕組みを明らかにし海の生産力を増強するという視点で、温暖化が社会の関心事になる以前から研究がすすめられていました。

海を見渡してみると、どこでも同じように生物がいるわけではありません。生物が群れているところがある反面、生物が暮らしていく条件が整っているようにみえるのに、まったくといっていいほど生物がいないところもあるのです。

一九八八年、「そのような海で食物連鎖の起点である植物プランクトンが増えないのは、微量栄

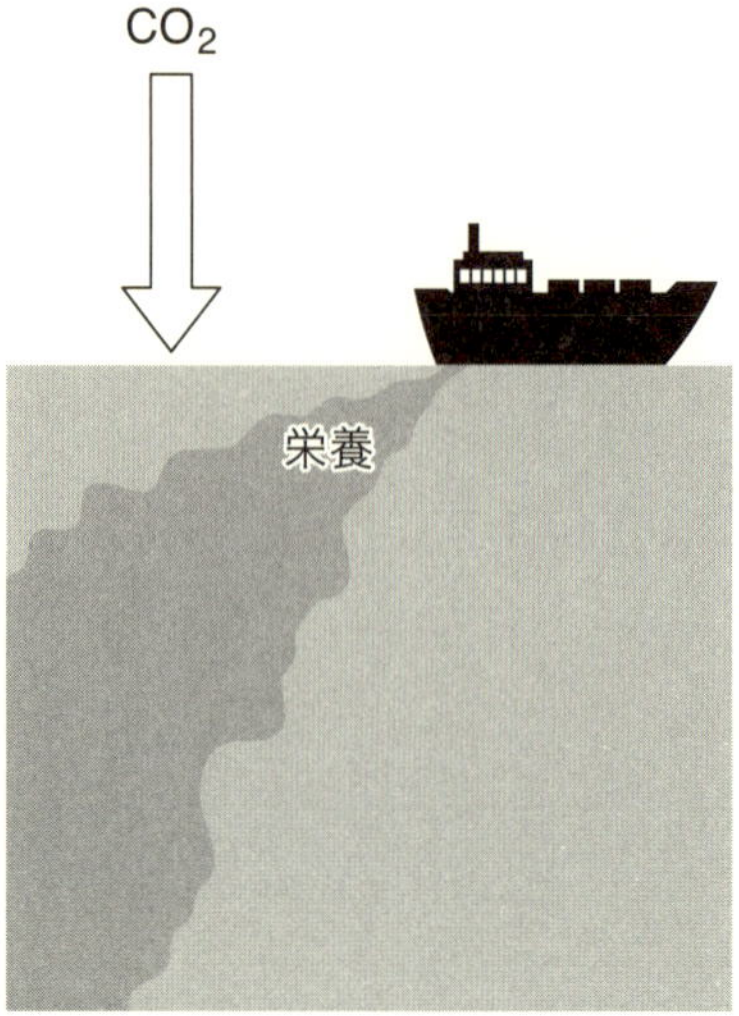


図6－3　海洋肥沃化による二酸化炭素の捕集

藻類の生長に必要な栄養を海に散布することによって大気中の二酸化炭素を捕集する想像図です。捕集された炭素は、藻類の遺骸が海底に沈む結果、分解されずに長期間海底に貯留されます。藻類そのものが有益でほかにつかわれてしまったり魚介の餌となったりする場合には、そのために海底で貯留される量が減少しても、これらの正の副次効果がデメリットを補って余りあると考えることもできます。

養素の鉄が不足しているからだ」という内容の論文が発表されました。この論文は、イギリスの生物学者だったハートが一九三〇年代に唱えた推論をよみがえらせました。そしてそれ以来、この仮説を確かめようと多くの研究がされました。植物プランクトンの増加は、漁業資源の増加につながるかもしれないからです。

この論文の筆頭著者だったアメリカの海洋学者マーチンは、植物プランクトンの増加は二酸化炭素の捕集でもあることから、「タンカー半分の鉄をくれたら氷河期をお返ししよう」といって、この仮説が温暖化対策にも有効だとしました。

## 栄養を補う

海洋肥沃化に関するこれまでの知見を大雑把にまとめれば、緯度が低い表層の海域では主要な栄養である窒素の不足が藻類の生長を制約しており、海の表層に窒素やリンなどの主要な栄養が供給されているところでは、微量栄養素である鉄の不足が生長を制約しているといえます。

細かくみれば、藻類の増殖を制限している因子はほかにもあります。光、温度、酸素、捕食者、侵入種。それから、ほかの栄養などが制約になっている可能性もあります。実際、古生代ペルム期末におきた地球史上最大といわれる大量絶滅の原因は、パンゲア大陸の形成に伴った火山爆発で微量栄養素のニッケルが供給されたためだという考えがあります。つまり、この説では、酢酸からメタンをつくる生物反応の制約になっていたニッケル不足が解消してメタンが盛んにつくられた結果、温暖化が進み大量絶滅になったというのです（☞豆事典「火山噴火と生物の歴史」）。

そこで、窒素と鉄以外の栄養が藻類の生長を制限している可能性がある海域では、その足りない栄養を補う案がいろいろとだされています。

また、特定の化合物を散布する代わりに、栄養をふくんでいる火山灰をまくという考えもあります。二〇一〇年にアイスランドで火山が噴火し、ヨーロッパを通過する飛行便が大混乱したことがありました。ご記憶でしょうか。あのときの火山灰にふくまれていた鉄分がアイスランド海盆に相当量溶けこみました。自然による海洋肥沃化実験です。そのとき、植物プランクトンの増殖がおきていたと推測される報告があります。また、第四章に記したピナツボ山の噴火では四万トンの粉塵が散布されたと推定されているのですが、このときにもプランクトンの増加があったとされています。

火山灰を散布してプランクトンの増加をめざすのではなく、肥沃化の当初の関心に戻って漁業資源そのものの増加を狙う提案もあります。火山灰にふくまれているケイ素が栄養となって、魚の餌になるケイ藻が増殖するからです。しかも、ケイ藻は殻の密度が比較的大きいために、「捕食者に食べられて糞塊となったケイ藻は、二酸化炭素を速やかに海底に輸送し隔離する」という貯留面からの利点も指摘されています。

## 海洋肥沃化がジオエンジニアリングに

海洋肥沃化の研究が中小規模のフィールド実験をすすめている間に、地球温暖化が社会で広く認識されるようになってきました。

そして、二〇〇六年、ノーベル賞受賞者クルッツェンの気候制御案の提唱をきっかけとして、ジオエンジニアリングという名でくくられる技術概念がつくられたとき、マーチンの提案も取り入れられ、海洋肥沃化が生物ポンプを利用した捕集貯留技術として、ジオエンジニアリングの一つに位置づけられたのです。

その結果、海洋肥沃化に対する社会の見方が変わり、ジオエンジニアリングの実験に対する反対運動が盛んになるにつれ、海洋肥沃化の野外実験に社会的な合意が求められるようになりました。

二〇〇八年五月には、沿岸域での小規模科学研究を除き、海洋肥沃化の野外実験を事実上禁止する決定を、生物多様性条約の締約国会議が下しました。同じ年に開かれたロンドン条約の会合でも、

「海洋肥沃化は合法的な科学研究に限ってなされるべき」としたのです。

こうして、海洋肥沃化実験への目が厳しくなりつつあったときにおこなわれた実験が、ロハフェックス計画でした。

ロハフェックス計画は、それまでで最大規模の海洋への鉄散布実験として、二〇〇九年にインドとドイツの共同で実施されました。すでにジオエンジニアリング技術の一つとして海洋肥沃化が注目されるようになっていたこともあって、環境団体が「危険」というレッテルを貼り、ドイツ環境省は計画の中止を求めていました。それをおして実行された結果は、六トンの鉄を南極海に投入したものの二酸化炭素の取りこみ増加はなかったという期待はずれなものでした。

このあとドイツ側の研究組織であるウェーゲナー研究所は、今後この種の実験を行わないとホームページで明言しています。

一方、二〇一二年七月、カナダ西岸沖に一〇〇トンの硫酸鉄が散布されました。その目的は、ブリティッシュ・コロンビア州に暮らす少数民族ハイダ族の生活基盤である、サケ資源の回復でした。それでも、海洋肥沃化の野外実験に対してすでに社会が厳しい目を注いでいたことから、これは正式な手つづきを経ない「暴挙」として国際的な非難を浴びました。ところが翌年と翌々年、増やそうとしていたサケが二年つづけて大量に獲れたのです。これが「暴挙」のお蔭だったのか否かは何ともいえません。私たちの海の理解度は、まだそんなものなのです。

このつづきは、7・2節に記しましょう。

## 6・3・5　風化の促進

自然界では、雨や地下水など二酸化炭素をふくんだ水と反応して、ケイ酸をふくむ岩石が炭酸塩鉱物に変わります。これが風化です。たとえば、花崗岩に多くふくまれる長石は、こうして粘土になります。

風化は、着実に環境を変えます。風化によって二酸化炭素が捕集され地球が冷えた例に、およそ三五〇〇万年前、新生代始新世の末期から始まり現在にいたる期間があります。中生代中ごろから新生代にかけておこったアルプス造山運動によって、ヒマラヤ、アンデス、アルプスといった大山脈が形成されたために、ケイ酸塩鉱物の風化がすすみ寒冷になったというのです。風化によって生じる二酸化ケイ素が海に流れこみ、ケイ藻が増えたことも二酸化炭素の捕集に寄与したといいます。

ゆっくりと着実に進行している風化は、知らない間に環境を変えてしまいます。ケイ酸塩が二酸化炭素を吸収する自然の風化は、数十万年のうちには現在の増加した大気中二酸化炭素を除去してしまうのです。

### 風化の仕組み

土では、植物の遺体が分解したり土壌微生物が呼吸したりするために、二酸化炭素の濃度は大気中の一〇〇倍以上にもなっています。この高濃度の二酸化炭素と土にふくまれる鉱物とが反応して、強塩基性であるカルシウムやマグネシウムのイオンがつくられます。ほかに、炭酸水素イオンと二酸化ケイ素も生じます。これらが、いずれ海に流れこんで、海水をわずかにアルカリ性にし、海の生物を育てる栄養にもなっているのです。

こうして、毎年四億トンの炭素がケイ酸塩の風化で捕集されています。ケイ酸塩鉱物は、地球のマントルと地殻を構成するおもな鉱物です。ですから、材料が尽きることはありません。

## 一度で捕集貯留が完結

そこで、この風化反応を人工的に促進しようというのが、「風化促進」です(図6－4)。風化促進では、鉱物に捕集された炭素は、多くの場合、そのまま長期間そこにとどまると考えられます。貯留までの全ステップが一気に完結する点で優れたアイデアといえます。風化させる鉱物として、鉱山からでてくる廃石や岩石の加工で生じる不要な砕石を利用することもできます。

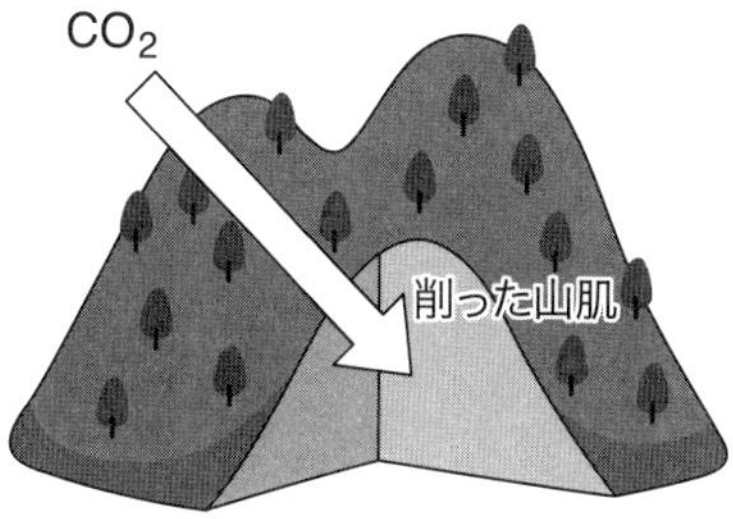


図6－4　風化促進による捕集貯留
大気中の二酸化炭素は岩石に捕集され、水を介した反応で、安定な石灰岩などの炭酸塩岩と二酸化ケイ素になります。

口絵⑭は、かんらん石の風化によって二酸化炭素を捕集するとともに、生成物である二酸化ケイ素でケイ藻を育て、それを魚介の餌にするというアイデアです。風化に伴って反応液のpHは上昇します。そこで、これを海洋酸性化の抑止にもつかう一石三鳥の案です。

ほかにも、ケイ酸塩鉱物を粉砕して海に散布したり、海底地殻をつくっているケイ酸塩鉱物めがけて二酸化炭素を吹きつけたりして、海で風化を促進しようという案もあります。

蛇紋岩のように、もろくて崩れやすい石を選べば、わざわざ細かくしなくても海流にもまれて数日のうちに自然と細かくなるので粉砕の必要はないという声もあります。

## 風化促進の課題

現在、風化による炭素の移動量は、炭素循環全体の移動量の一〇〇〇分の一程度です。このように量が少ない理由は、反応の速度にあります。実験室で風化の速さを調べると、その進行は、私たち人間の時間感覚ではとらえられないほど遅いのです。

二酸化炭素を次から次へと炭酸カルシウムにしてしまうナノマシンが口絵⑨にありますが、これが本当にせっせと働いて、私たちをイソップ寓話のミダス王の気持ちにさせるのは、まだ大分先のことなのです。

でも、速度を桁違いに大きくする可能性がないわけではありません。アイスランドで進められている玄武岩に液化炭酸を圧入する事業では、当初五年かかると思われていた風化が一年で済んでいるという報告があるのです。生物を利用するのも一法です。土の微生物や地衣類、カビ、それにアリやゴカイなどが風化を促進するからです。たとえば、アルプス造山運動によってケイ酸塩鉱物の風化が進んだのはアリの働きだったという報告が、最近、ありました。これは、まだ一つの説かもしれません。何が、どのような条件で風化を速めるのかをくわしく知れば、生物の働きを利用した風化促進の工夫ができるでしょう。

風化促進の生物への悪影響はどうでしょうか。たとえば、海で風化を促進すれば、そこに暮らす海洋生物に影響します。沖合でケイ酸塩鉱物を散布する手法の可能性を調べたところ、ケイ藻が増加し生物ポンプも変化しました。ここまではそこそこ予想できる結果です。その先、これが海の生態系にとってどのような影響をもたらすのかは解明されていません。

岩石の重さは粉にしても同じです。ですから、これを海に運び均一に吹きこむ作業は容易ではありません。風化促進の実施は、当面、さまざまな条件が揃ったところに限られるようです。たとえば、ケイ酸塩鉱物が表土に大量にふくまれている鉱山、砕石が大量に発生する加工場など、長距離輸送の必要がないところです。

つまるところ風化促進は、風化速度を支配している要因の解明が第一でしょう。実際、「過去二〇〇万年の間に大幅な気温の変化があったのに、陸での風化速度は一定だった」という、一見不思議な報告が最近でています。わからないことばかりなのです。

## 6・4　炭素の貯留

捕集貯留の五つのステップのうちで、技術レベルで見通しが一番立っていないのが貯留です。貯留法の選択で考えるべきことには、①炭素を貯留する化学形、②貯留可能な量、③安全かつ安定して貯留できる期間、④貯留に伴う各種変化、⑤環境への影響、⑥事故の頻度と規模、損失の大きさ、⑦貯留中の手間と経済性、それに⑧以上の事項についての監視可能性、があります。

ところが、これらについて評価すべき一般的基準はまだありません。さまざまな貯留技術につい

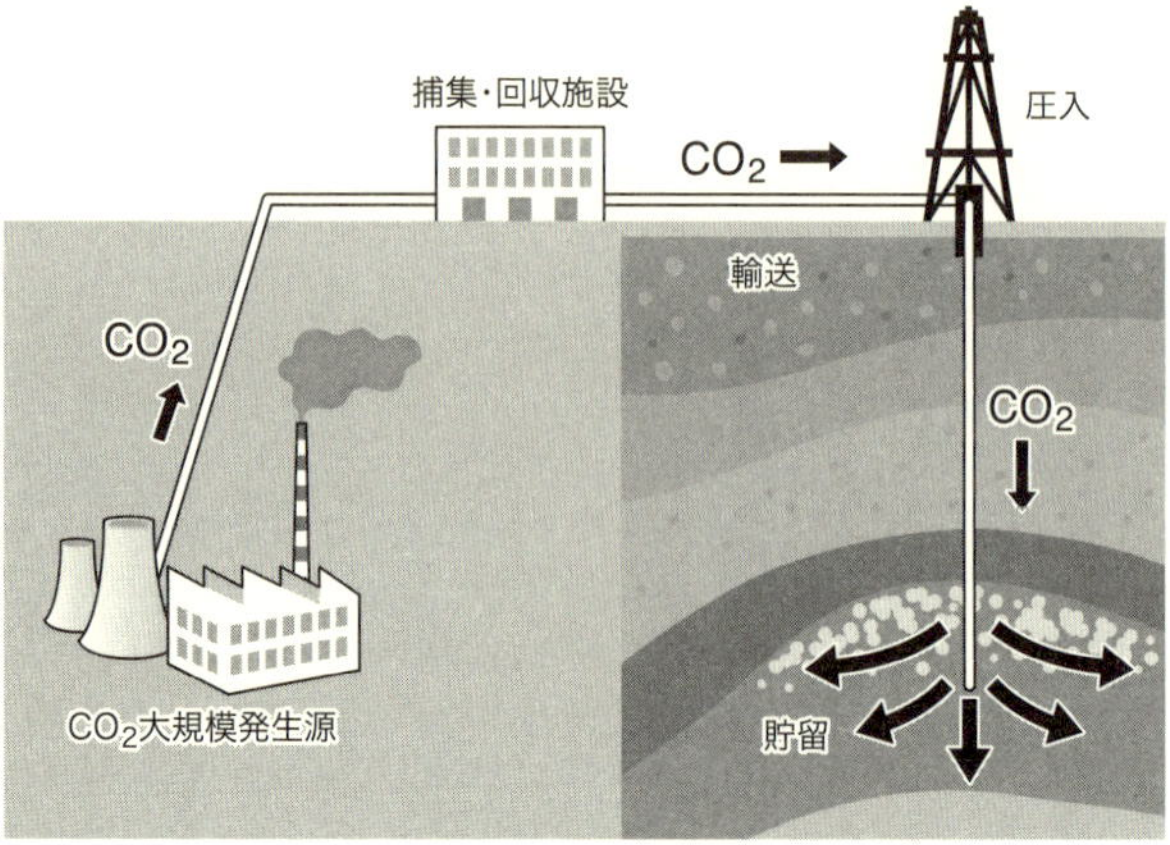


図6－5　炭素捕集貯留（CCS）技術のイメージ図

て比較可能な基準を設けるのは、これからです。

## 二酸化炭素として——元祖ジオエンジニアリング

一九七七年、エネルギーシステムの専門家であったシザレ・マルケッティは、海の厖大な捕集力に注目し、それを活用するアイデアを発表しました。スポット発生源で捕集した二酸化炭素を地中海に注入し、大西洋深層に貯留するという提案です。このときはじめて、「ジオエンジニアリング」という語が二酸化炭素の処理についてつかわれたのです。

残念なことに、マルケッティの案そのものは今では見こみがないものとされています。それでも、二酸化炭素をそのまま貯留するという発想は、捕集される大量の二酸化炭素の処理に関して生き残っています。地中などに二酸化炭素を貯留するＣＣＳ技術です（図6－5）。これについては、7・3節でくわしく記します。

## バハマの白砂

太古の時代。大気中に現在の何十万倍もふくまれていた二酸化炭素は、地球に海が生まれるにつれて、そこに溶けこみ、さらに生物の働きも加わって、今では石灰岩となっています。自然による捕集貯留です。

地球が生まれたころからみればずっと最近のことですが、フロリダ半島とキューバの間にあり、白い砂浜で知られるバハマ諸島は、自然におこった海洋肥沃化でつくられました。アフリカからの砂埃にふくまれる鉄を栄養としてサンゴ礁が育ち、島になったのです。こうしてバハマ諸島ができるのに、一億年かかっているのだそうです。

そこで、貝殻やサンゴなどを、そのまま保存しようというアイデアがあります。この案は、細かく分ければ、「深海」や「海底の窪地」など貯留場所の違い、「石灰岩と共存」、「海底堆積物中に」など存在状態の違い、などなどさまざまです。なかには、「メタン・ハイドレート中のメタンを二酸化炭素で置き換える」といったエネルギー獲得を兼ねたものまであります。

その中で、ちょっと珍しいものに、大気中の二酸化炭素を捕集して石灰岩にしてしまう植物の働きを利用する案があります。アフリカ西岸の熱帯域に自生している大木であるイロコは、乾燥した酸性土壌で育ち、カビとバクテリアと協働して大気中の二酸化炭素を取りこみ、根の周りに炭酸カルシウムをつくりながら生長するのだそうです。この仕組みを利用するのです。そのためには、遺伝子操作も必要になるかもしれません。遺伝子操作については、8・1節で扱っています。

## 法隆寺にならう

生物の働きを利用して炭素を捕集すると、炭素は有機物になっています。これを有機物のまま貯留するという道があります。

世界最古の木造建築である法隆寺は一〇〇〇年を超えても木材のまま残っています。適切な管理をすれば、長期間安全に有機炭素を貯留できる証拠です。

そこで、たとえば伐採した木材や竹を、そのまま取っておこうというのです。これなら、いざとなれば、素材や燃料にもつかえます。単純でわかりやすい案ですが、規模がとてつもなく大きくなります。たとえば、人間活動による排出のおよそ一割にあたる年間一〇億トンの炭素を貯留するとすれば、森林伐採量を現在の倍にすることが求められます。そしてそのためには、八〇〇万平方キロメートルの森林が、一平方キロメートルあたり年間一二〇トンの炭素を貯留していないとなりません。炭素貯留量を年間三〇億トン規模にするならば、何と世界の森林の半分について同規模の貯留を期待することになります。

これを達成するために満たすべき条件は、まだ特定されていません。それでも、この方法は法隆寺で実証されているのですから、あとはこれだけの植林をして、森林が生長する条件を整備し、育った樹木を伐採し、適切な貯留の方法を地域ごとに工夫して計画し実行するだけともいえます。

## 深海の底

木材に限らず、有機物はどれも燃えやすいです。火災や爆発の危険を忘れてはなりません。そこで、陸で得られるつかい道のない間伐材や栽培植物の収穫後の残渣《ざんさ》、あるいは食べ残しなどを、酸素が少なく陸よりも分解が遅い海で安全に貯留しようという案があります。

実際、木材など陸起源の有機炭素は、塩分濃度が高く温度が低い海では分解がとても遅くなります。そのため、陸から河川や大気を介して海に運ばれる有機物が海底堆積物に占める割合は案外高いのです。南極海では、クジラの骨は分解されても陸起源有機物である木材は長期間分解を受けないという報告があります。

ですから、この案は、自然の物質循環にならって海底に沈降する分を積極的に増やす発想ともいえます。

## 土器の汚れに学ぶ

縄文時代の土器についた黒焦げを今でも目にすることができるように、有機物にくらべて炭は格段に分解しにくいです。そこで、炭素を炭や煤にして土にまいてしまおうという提案があります。この提案では、炭や煤をまとめて「バイオ炭《たん》」とよんでいます。

炭や煤をつくる方法は昔から知られており、大きな技術的課題はありません。しかも、土にまいてしまうのですから手間いらずです。さらに木材以外の有機物、たとえば食品残渣、根や茎などの非可食部、それにトウモロコシの軸や刈り草などもつかえるので、つかえる量が木材だけを考えている場合にくらべて大幅に増加します。

そのうえ、バイオ炭は悪臭を取り去る吸着剤（活性炭）としてつかえるという正の副次効果があります。また、土壌改良材として水分と肥料成分の保持などにも役立つといわれ、すでにつかわれてもいます。アフリカのルワンダでは、トウモロコシの茎やコメの殻、それに牛糞などからつくったバイオ炭を、土壌改良材としてコーヒーと除虫菊の栽培でつかう計画が進められています。ベトナムでも同様な計画があるそうです。

バイオ炭を環境ラベルで売りこもうというアイデアさえあります。バイオ炭で改良された土で育った作物に「クール・フード」というラベルをつけようというのです。

## 炭や煤のつかい道

よいことづくめのようですが、やはり量的な問題があります。現在の総耕作面積の三分の一にあたる五五〇〇万平方キロメートルをバイオ炭用に確保しても、人間活動による二酸化炭素排出の一割あまりをカバーするに過ぎないからです。

また、有機炭素をバイオ炭にする過程で、およそ半分の炭素が失われます。「もったいない。せっかくの有機物を炭にしてしまうのではなく、もっと有効な活用はないか」ともいわれています。

それから、最近になって炭素貯留法としての課題が明らかになってきました。

たとえば、土壌に散布すると、何しろ炭ですから、土が黒っぽくなって光の反射率が落ちてしまいます。これがバイオ炭の温暖化抑制効果を二割も低下させてしまうことが、ドイツの試験場から報告されています。そのため有機炭素は、バイオ炭にするよりも燃料としてつかったほうがよいというのです。

炭ならば数千年は安全に貯留できると思われていた常識も怪しくなっています。毎年、自然に起きる山火事などで一億トンから二億トンの煤が発生します。その大部分が土にとどまらずに溶けだしてしまうというのです。河川によって海に運ばれるものだけでも年間で三〇〇〇万トン。これは、河川中の有機炭素量の一割になります。本当にそうならば、バイオ炭が土にとどまる期間（滞留時間）はきわめて短くなり、貯留法として失格です（☞豆事典「物質循環」）。

どのような環境条件で、どの程度の炭素が失われるのか。また、素材の違いによるバイオ炭の特性の違いなども調べる必要があります。とくに、地域ごとに特性や発生量が異なるバイオ炭に応じた捕集貯留システムを、それぞれの地域に適合したものとして組み立てることが今後の課題となります。炭や煤にする方法の違いが、つくられるバイオ炭の特徴を大きく変えることも知られてきました。こういった工夫をしたうえであれば、炭化して貯留するのも一つの選択肢になるでしょう。

## 土の中の有機物

地球にはさまざまな有機物が大量に存在しています。その中には、長い時間、安定に存在していると考えられるものがあります。たとえば永久凍土の有機物。永久凍土にふくまれる有機態の炭素だけで大気中の炭素の二倍もあるといわれているのです。大量に存在している有機物には、ほかにも腐植と泥炭があります。これらの有機物は容易に分解しないと考えられ、この性質を利用して炭素を貯留しようという提案があります。

なかでも腐植は、朽ち木や落葉、動物の排泄物などがバクテリアやミミズなどによって分解されてつくられる有機物で、どこにでもあり、土を豊かにする成分です。園芸店で売っている腐葉土をご存じの方も多いでしょう。この腐植を何とか増やそうというのですが、まだ思いつきの段階です。どうやって増加させるか、増加した腐植にどんな性質があるか、作物に害がないかなどは、これから確かめなければなりません。

一方、永久凍土と泥炭は特定の地域にしかありません。永久凍土は極域と高地。泥炭は冷涼な地域の沼地と熱帯域の一部です。

残念ながら、現在、温暖化の進行で永久凍土は炭素の放出源となっています。カナダのマッケンジー川では、一年に二二〇万トンの有機炭素が北極海に流れこんでいると、二〇一五年の夏に報告されました。この相当部分が永久凍土からのものと考えられるのです。

一方、泥炭には五億トン近い炭素が蓄えられており、泥炭を増加させるために木材を埋めこんだり、分解を遅らせるために遺伝子工学をつかったりすれば、さらに年間二〇〇万トンの炭素を貯留できるという見積りがあります。

ただ、この試算は楽観的です。熱帯域の泥炭が乾燥して燃えだし、二酸化炭素放出源になっているのが現実です。人為的に水を抜かれ乾燥した泥炭の火災がインドネシアで目立っています。気候変動で地下水面が低下する結果、乾燥が加速し、あちこちで同様の火災がおきると懸念されているのです。

また、泥炭や腐植はいわれているほど分解しにくいものではないという研究もあります。それは、アマゾンの雨林で固定された有機炭素の九五%が、海にでるまでに消失してしまうというものです。

なかでも、難分解といわれているリグニンの四割あまりが土で分解を受け、五割あまりは川で分解されているといいます。これまで難分解とされていた泥炭や腐植も、本当に貯留に適したものなのかを確認する必要があるようです。

実際、温暖化と施肥効果で樹木の生長が増すと、それだけ地下部も生長し、それに応じて植物根から分泌されるシュウ酸が増加して鉱物から有機物を解離させる結果、土壌から失われる有機物が増加するという最近の報告があります（☞7・1節）。

土壌中の有機炭素が土にとどまる仕組みと働きは、思いのほか複雑なようです。これまで土壌中の有機炭素はあまり研究されてきませんでした。これが今、炭素の放出源になっています。炭素をもっと貯留させることは簡単ではないのかもしれません。しかし、たとえ土壌の捕集力を強めることはできないとしても、土壌から放出されている二酸化炭素を減らすだけで、大気中二酸化炭素の増加は抑制されます。土壌有機物の動態を解明することがまず大事です。

### 藻場や沼沢地

海岸植生によって固定される炭素は陸の樹木にくらべ分解しにくく、炭素貯留手段として優れているとされています。そうであれば、マングローブ林、海草藻場、それに塩性沼沢地などでの炭素量を増加させて貯留することも可能でしょう。実際、まだ海面上昇が大きくない今世紀の前半では、沼沢地での炭素の捕集は気候変動のために増加するという報告があります。

また、マングローブ林、海草藻場、それに塩性沼沢地が失われるために発生する一酸化炭素の量を調べたところ、これまでの見積もりより一桁も大きかったという報告があります。これは、マングローブ林や塩性沼沢地を保全するだけで、従来の予想を上回る貯留量の増加が期待できることを示しています。

さらに、大気中メタンの自然発生源として最大とされる淡水性湿地について、生物地理的に異なる北米の三か所で調べたところ、放出されているメタンと同程度の量が、嫌気的メタン酸化で二酸化炭素に変化していたという報告があります。海洋とは異なる淡水条件でメタンを酸化する菌の性質をくわしく知れば、永久凍土など土壌からのメタン発生を抑制し、好ましい貯留形態とすることができるかもしれません。

また、アメリカ・メリーランド州とバージニア州に挟まれたチェサピーク湾における、大気と湿地生態系での一九年におよぶ炭素交換の調査では、全体で二酸化炭素の取りこみが一貫しており、時間の経過で停滞する傾向はみられないという結果が得られています。これも、湿地による捕集貯留の可能性を示しています。

今後、捕集された炭素が「どこにどんな状態で蓄えられているのか」、「滞留時間はどのくらいか」について研究を進めてほしいものです。

また、人工的につくった湿地が天然のものにくらべて遜色ない炭素蓄積能があり、そこからのメタンも量的にさほどでないという結果もあります。天然のものばかりでなく、ビオトープのような人工的につくられた湿地でも貯留の働きを期待できるのかもしれません。

## そのほかのアイデア

海の有機炭素を難分解性に変えて、生物の呼吸による二酸化炭素の発生を抑制する案があります。海にふくまれている七〇〇〇億トンもの有機炭素。その大部分がプランクトンや魚の餌にならない難分解性であり、何千年にもわたって海にとどまるといわれています。その理由としては「特定のバクテリアがつくっている」とか、「分解されにくい性質があるわけではなく単に濃度が低すぎるので生物がつかえないだけ」などさまざまな説があり、充分わかってはいません。それでも、これを何とか増やして貯留の役に立てようというのです。

たとえば、有機物をふくむ粒子の組成、サイズ、沈降速度などを変え、堆積物中に埋没する量を増やしたり、性質を変えて分解されにくくしたりなどです。なかには、遺伝子操作で難分解性の有機物をつくるバクテリアをつくってばらまくというものまであります。具体的な提案はこれからです。

炭素の循環をつぶさに眺めると、炭素を蓄えているものはほかにも見つかります。現状では、どれも量や滞留時間の面で難点がありますが、将来、それがつくられ、継続して存在してきた経過を知ることで、その仕組みを利用することは可能でしょう。そこから、新たな捕集貯留のアイデアが生まれてくるかもしれません。

## 6・5　回収した二酸化炭素の利用

捕集して回収した炭素を単に貯留するのではなく、何か有用な利用法を考えるのが、この提案です。これを「炭素捕集利用」を表す英文の頭文字からCCUとよんでCCSと対比することがあります。CCUには、利用の結果、大気に二酸化炭素を戻してしまうものもふくまれています。

### 石油増進回収

油層中の油分を自噴やポンプなどによって取りだしたあとに、二酸化炭素を油層に注入してさらに油分を回収しようという案があります（図6－6）。これは、地下の油層から原油をなるべく多く採取するために、以前から取り組まれてきた方法です。条件が揃ったところでは、増進回収で倍近い量の原油が得られることもあるそうです。

二酸化炭素の廃棄に特段の制約がない現状では、石油増進回収の動機は石油の増産です。そのため、必要な量の二酸化炭素が安価に手に入り、原油の増収分でコストをカバーするという前提があり、適用できる範囲は限られています。それでも、アメリカとカナダで総計一〇〇〇万トンを上回る規模で実施されています。

その多くは当然ながら貯留に特別の関心はないのですが、なかには、二酸化炭素の地下での貯留も考えて、圧入した二酸化炭素の監視をしているものがあります。カナダのワイバーン油田です。

二〇〇〇年から二〇年間の予定で、一年あたり一〇〇万トンを上回る量の二酸化炭素をアメリカの石炭ガス化炉から試験的に輸送して、深さ一キロメートルの油層に圧入しています。

石油増進回収に類するものに、すでに採掘を終えた石炭層に二酸化炭素を吹きこんで、吸着しているメタンを置換し回収しようという考えがあります。また、メタン菌の働きで二酸化炭素をメタンにして貯留し、必要時には回収してつかうといったものもあります。

## 原子力潜水艦

海に溶けている二酸化炭素と炭酸イオンの量は、大気中二酸化炭素の五〇倍もあります。海水と

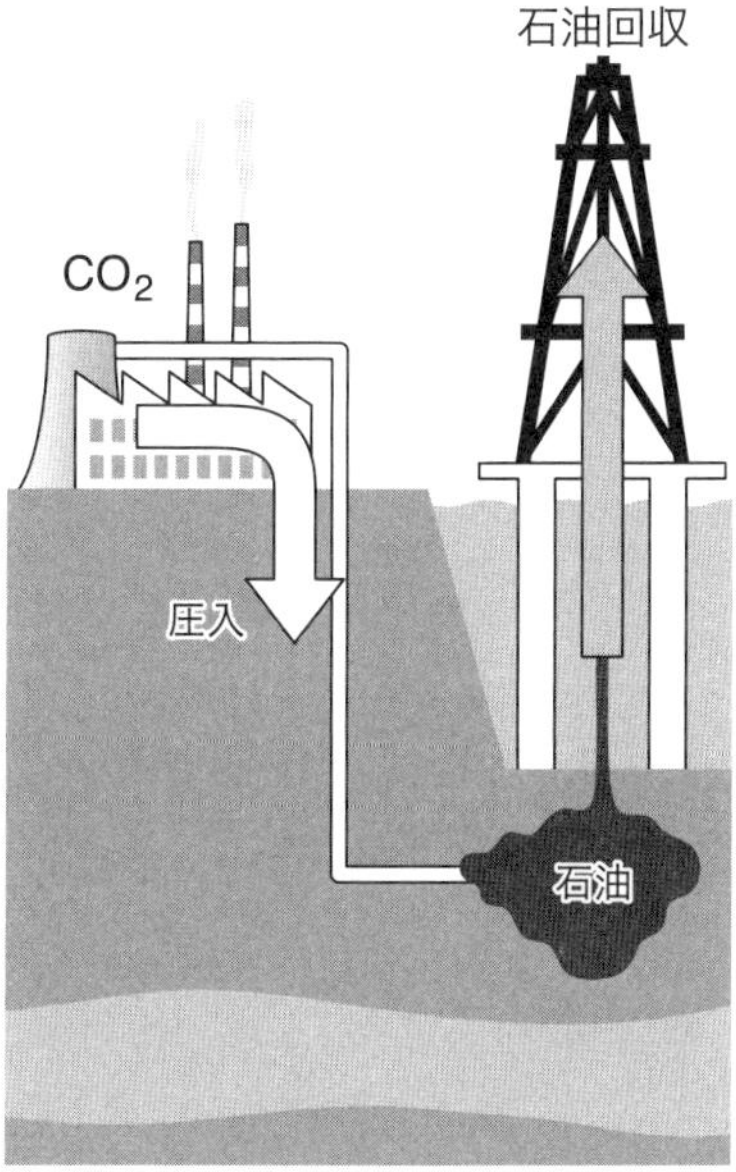


図６－６　貯留をともなう石油増進回収のイメージ図

捕集した二酸化炭素を気体あるいは液体の状態で油井に圧入することで、二酸化炭素が地層に貯留されると同時に、産出される原油が増加します。

大気とで濃度を単純に比較すれば、体積あたりでは一四〇倍も海水のほうが濃いのです。

そこで、海から二酸化炭素を取りだそうというアイデアがあります。取りだすのに利用するのは電気分解です。

膜でいくつもの小室に区切った槽で海水を電気分解すると、発生する水素イオンで酸性になる小室ができ、そこで二酸化炭素が溶けていられずに気体となってでてくるのです。これで、六割の二酸化炭素を取りだすことができます。

この発想は、意外なところにルーツがあります。アメリカ海軍です。海で隠密行動をしている原子力潜水艦は、港で自由に燃料補給できません。そこで、海から無機炭素を捕集し、たっぷりある自前のエネルギーで液体燃料にしてしまおうと考えたのです。

燃料にすると、回収した炭素は結局、二酸化炭素となって大気に捨てられてしまいます。大気から生物が捕集した炭素を、ふたたび大気に戻すバイオ燃料に似ています。元の炭素が温暖化をもたらす大気中の二酸化炭素からなのか、酸性化をもたらす海の二酸化炭素からなのか、という違いです。

しかし今後は、回収した炭素を燃料にせず、どこかに貯留するという発想もできるでしょう。酸性化の原因でもある二酸化炭素を海から取りだすのは、貯留場所を海底など近場にすれば、案外、つかえるアイデアかもしれません。

蓄エネルギー

最近、ドイツの自動車メーカーが大気から捕集した二酸化炭素で、ディーゼル燃料をつくる装置を発表しました。一見スタンドプレーのように感じられますが、案外そうでもありません。余剰エネルギーに恵まれた場所、あるいは太陽光発電のように昼と夜とで発電量が大きく変動するところでは、蓄電池に電気を貯める代わりに、水素や炭化水素などの燃料としてエネルギーを蓄える方法も意味があるからです。

## 6・6 メタンの捕集貯留

大気中のメタン濃度は二酸化炭素の二〇〇分の一にもなりません。ところが、メタン一分子あたりの地球温暖化力は二酸化炭素よりも遥かに大きいのです。そのために、メタン全体による温暖化への寄与は二酸化炭素全体の三割ほどにもなり、温室効果ガスの中では温暖化への寄与が二酸化炭素に次ぐ二番目です。

このメタンが、温暖化に伴って海や陸から大量に湧きでてくる心配があります。とくに、北極海の海底や永久凍土に水和物（メタン・ハイドレート）となって大量に閉じこめられているものの湧きだしが心配されています。

そこで、海底から湧き上がるメタンに電波を照射して破壊するという提案があります。これが現実的であるかは疑問です。でも、温暖化に誘発されて湧きでてくるメタンが破滅的な環境爆変をもたらした歴史が過去にありますから、心配なのはもっともです（☞豆事典「火山噴火と生物の歴史」）。

ところが、メタンの捕集貯留はあまり話題になっていません。なぜでしょうか。

その理由の一つは、メタンが大気の掃除屋であるヒドロキシ・ラジカルと反応してしまうため、大気中にとどまる時間が一〇年程度と短いことです（☞4・1・2項）いくらメタンの温室効果への寄与が軽視できないといっても、増加の影響が一〇〇〇年におよぶ二酸化炭素を削減するのにくらべ、見返りが小さいのです。

もう一つの理由はメタンの化学的な性質からその捕集が容易でないことです。最近、ゼオライトとよばれる粘土鉱物の中に、メタンの捕集剤としてつかえる可能性があるものを見いだしたという報告がありました。その真価を確かめるのはこれからです。

メタン捕集の困難さを、生物の働きで克服しようという提案があります。一つは、大気からメタンを吸い取るトウモロコシを遺伝子工学でつくろうというのです。トウモロコシ栽培は規模が大きいため、トウモロコシが呼吸を通して一年間で取りいれる大気の量は、地球の大気全部を一回入れ替えるほどです。そこで、トウモロコシにメタンを代謝する遺伝子を組みこめば、メタンの捕集と分解が果たせるのだそうです。

もう一つは、メタンの発生をおさえる提案です。二〇一五年の夏、遺伝子工学でメタンの発生が少ない稲をつくったという報告がでたのです。人間活動によるメタン発生の一割あまりを水田での稲の栽培が占めていることから、これはメタン放出に対する一つの対策になるかもしれません。しかも、中国で三年間野外栽培をした結果、この稲の米は、在来のものにくらべてデンプンが多いという正の副次効果まであることが確認されています。

## 6・7　捕集貯留の未来

温暖化をもたらす温室効果ガスを捕集し大気中の濃度を抑制しようという捕集貯留技術についてみてきました。その多くは見通しが立たない提案でした。

しかし、汚染物を川や海、土に捨てることは法律で許されていないばかりか、今では不道徳な行為とされています。その意味で、温室効果ガスを大気に捨てない捕集貯留は温暖化対策として第一に実行されるべきものの一つです。

それが少しも進まずに、温室効果ガスが大気に増加しつづけています。その一つの理由は捕集貯留が技術的に困難だからです。次章では、捕集貯留技術の中で、実際につかえる可能性があるとされているものについて、くわしくみてみましょう。

# 第七章　捕集貯留――さらなる探究

本章では、二酸化炭素の捕集貯留案の中から森林復活、海洋肥沃化、それにＣＣＳの三つについて、少しくわしくみてみます。

これらの提案を取り上げる理由は、ほかのジオエンジニアリングとは異なって、実際に取り組まれていたり実行される可能性が高かったりするため、細かな検討をするべきと考えられるからです。このうち、森林復活は陸の生物相を豊かにすることをめざしています。海洋肥沃化にも海の生態系を豊かにしようという面がないとはいえません。

意外に感じられるかもしれませんが、私たち人間の活動は一貫して地球に存在する生物を減らしてきました。その量を炭素でみると、これまでに私たちが大気に廃棄した量を遥かに上回っています。陸でも海でも、これを元に戻すのは誰もが賛成するでしょう。それなのに、それが実現せず、生物種の絶滅や種の多様性喪失が今も進行しているところに厄介な問題があるのです。

一方、ＣＣＳは捕集した二酸化炭素を地球に閉じこめてしまう新たな技術として提唱され、その可能性が化石燃料の消費をつづける理由の一つになっているものです。モラル・ハザードの新たな元凶になりかねない提案といえます。多種多様な要素技術の集合体であるＣＣＳが、一体どのくらいの見通しがあるものなのかを見極めるのは、社会のエネルギー供給システムそのものに影響する大事な課題です。

## ７・１　林業と農業

およそ一万年前から、私たちは農業で自分自身の食料を得てきました。それは、私たちの暮らしを飛躍的に改善しました。しかも、その経験は長く、知恵も蓄積しています。それで、林業と農業とで温暖化に取り組むのは、ほかのジオエンジニアリング技術にくらべれば遥かに心配が少ないでしょう。

### 半分になった森林

造林や失われた森を再生するなどして、樹木に二酸化炭素を捕集させようという提案があります。たとえば、中南米とカリブ海の国々で、失われた森林二〇万平方キロメートルを二〇二〇年までによみがえらせようという計画です。

私たちの祖先が農業牧畜を始めたばかりのときには、世界の森林面積は八〇〇〇万平方キロメートルほどありました。地表の半分以上が森林に覆われていたのです。それが今は、四〇〇〇万平方キロメートルと半減しています。

現在の森林には三〇〇〇億トンの炭素があるといいますから、一万年前に森林に蓄えられていた炭素は、およそ六〇〇〇億トンだったことになります。人類圏の発展にともなって、三〇〇〇億トンの炭素が森林から失われたわけです。草地のように、森林ではなかった土地を森林にするのは難しく、そのうえ、生態系が変わるという点で問題があります。しかし、かつて森林であった土地を植林して森に戻すことは原理的には可能です。

私たち人間の活動によって一七五〇年以降、大気中に廃棄され残留している二酸化炭素は炭素の重さで二四〇〇億トンになるといわれています。その一部が森林破壊によっており、残りは化石燃料由来です。その化石燃料も、元はといえば生物が光合成で大気から捕集した炭素です。

## 森林が復活すれば温暖化は解決?

すると、あえて粗雑な議論をお赦《ゆる》しいただくなら、「森林が昔に戻るだけで三〇〇〇億トンの炭素が新たに固定されるので、今の気候変動は消失しバランスの取れた世界が実現する」ともいえるのです。

問題は、どうやってそこに到達するかです。第一に、今は別の用途につかわれている土地を森林に戻す社会的合意がなくてはなりません。森林の生長と維持に必要な栄養と水も確保しなければなりません。

途中の経路を誤ると、そこでゲーム・オーバーです。たとえば、人間活動が大気に廃棄している二酸化炭素全部を、陸上での生物作用で「その年のうちに」捕集しようという考えには無理があります。

人類圏が空中に廃棄している炭素量の、およそ一割にあたる一〇億トンの炭素を捕集するのに必要な土地、窒素、水を調べたところ、生長が早くバイオ燃料として期待されているスイッチグラスという草を利用した場合でも、少なくとも二〇〇万平方キロメートルの土地（アメリカがバイオエタノールの生産につかっている土地の二〇倍）、二〇〇〇万トンの窒素（世界で生産されている窒素肥料の二割）、それに淡水の消費が四兆トン（世界中の人間が一年間に必要とする量の一四倍）になるという結果が得られているからです。

## 植林で無理しても、まだ足りない

森林の全面復活には、ほかにも課題があります。それは、この一万年の間、人間が森林を減らしつづけてきたわけにあります。

農耕牧畜を始めて以来、それまで森林や草原だった場所をつかって、私たちは食料を生産し暮らしを豊かにしてきました。そここそが、食料となる植物の生育に適した土地だったからです。今、その土地を森に戻してしまえば、これまでに得られていたメリットは失われます。

そのうえ、残念なことに、植林だけでは温暖化対策としては不充分です。

たとえば、現在、私たちが耕作につかっている土地一七〇〇万平方キロメートルの全部を森林に戻したとします。すると確かに、数千億トンの炭素が新たに捕集されます。ところが、全球平均気温は〇・五℃も低下しないのです。森林の反射率が耕作地よりも低いからです。細かな数値は研究

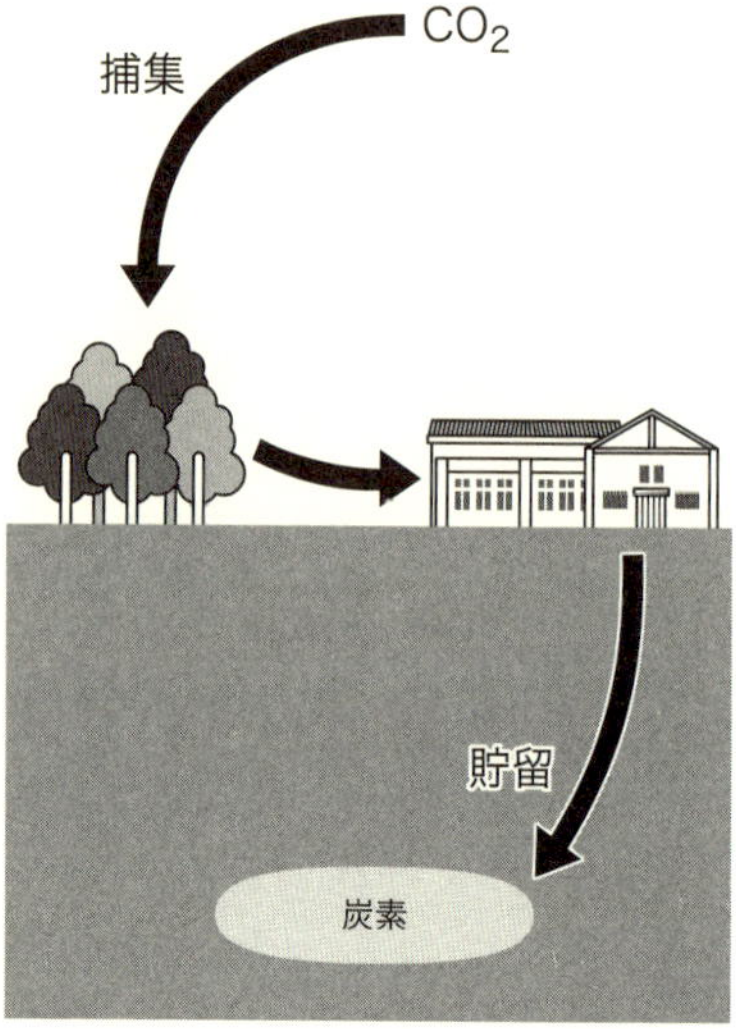


図7－1　大気中の二酸化炭素を減らすネッツ（イメージ図）
貯留される炭素の化学形は無機もあれば有機もあり、さまざまです。

によって異なるのですが、大略そう思わせるシミュレーション結果が報告されているのです。

## 二酸化炭素を吸いこむ炭素捕集農業

作物を栽培する農業は、大気中の二酸化炭素を有機物に変える活動です。ですから、改めて炭素捕集農業などといわれると、それは一体何だろうと思われるかもしれません。確かに植物は生長に伴って二酸化炭素を吸収します。しかし、その作物を育てる農作業、つかわれる水、肥料、そして温度管理などに、大量の石油をつかいます。そのため、現在の日本の農業は大量のエネルギーを消費し大量の二酸化炭素を放出している「炭素放出農業」なのです。農業が二酸化炭素排出量に占める割合は、エネルギー多消費産業である鉄鋼や化学工業と同じ一四%にもなると推定されています。

炭素捕集農業は、これを改め、さらにトータルで大気中の二酸化炭素を減らすという「ネッツ」（図7－1）の一提案です。その例に、ブラジルの機械化した大農法によるサトウキビからのエタノール生産があるといわれています。

## ブラジルのサトウキビ

一九七五年から二〇〇七年の間にブラジルで生産されたエタノールは、一立方メートルあたり一・五トンの二酸化炭素を捕集していたといいます。二酸化炭素の排出がないカーボン・ニュートラルをほぼ達成していることになります。

アルコール発酵では、エタノールと等しいモル数の二酸化炭素が生じます。そのうえ、最初の一八年間は差し引きで二酸化炭素が排出されていたというのですから、カーボン・ニュートラルとはにわかに信じがたい話です。それを、サトウキビの根を土壌の再生に利用し、ガソリンをエタノールに替えることで実現したというのです。

炭素が土の中で根としてとどまっている期間は、長くありません。そのため、炭素を貯留する点では不充分であり、さらなる工夫が求められます。捕集割合の算出法にも見直すべきことがあるかもしれません。それでも、このような農法は、化石エネルギーを大量に消費する現在の農業を変える一つの方向としては望ましいものでしょう。

一つ、忘れてはならないことがあります。それは、農業が抱える課題は温暖化だけではないということです。

## 土地争い

二〇世紀は地下資源を利用して生物資源への依存を減らした時代でした。そのほうが、過酷な肉体労働である農作業がなくなり、そのうえ、便利で安上がりでもあったのです。それが今、つづけることができなくなっています。ふたたび生物資源に依存する暮らしに戻るのです。

このときに重要な問題となるのが、「限られた生産物を何につかうか」、「限られた土地をどう利用するか」という分配問題です。

ブラジルのサトウキビは、エンジンを動かすバイオ燃料にも、酒や砂糖にも加工できます。そしてそれには土地が必要です。アメリカが消費するガソリンをトウモロコシ由来のエタノールで賄うとすると、バイオ燃料の生産や輸送にエネルギーがまったくかからないとしても、アメリカの全耕作地よりも広い農地が必要となります。

化石燃料とくらべると、バイオ燃料は同じ量のエネルギーを得るのに何倍もの原料を必要とします。これを改善する努力がされ、二〇五〇年までにはバイオ燃料が輸送につかわれる燃料の四分の一を占めるという予想もあります。ただ、これは仮定に大きく依存していて、技術上のブレーク・スルーがなければ実現しない皮算用です。

## 包括的なデザイン

サトウキビ畑では限られた種類の植物が栽培されます。そのため、生物多様性は低く、気候変動に限らずさまざまな攪乱《かくらん》への耐性や適応性も低く脆弱です。これを補うために農薬がつかわれます。これは畑に限りません。植林でも同じです。このような農地や林地では、周辺の動物が餌を求めるのもままなりません。また、プランテーションなどでつかわれる樹種の中には、揮発性の有機化合物を大量に放出するものがあります。これは、対流圏オゾンの生成を促し、大気を汚染します。

他方で、水源涵養、木材や農産物の供給といった農地の機能を維持し、経済的に成立することも重要です。「多様な機能」という自然生態系の強みから学んで、周囲の生態系と集落とをふくめた農林生態系として、森林や農地を総合的に設計するアグロフォレストリー的な実践が求められます。二酸化炭素の捕集とか木材の生産とか、一面だけに注力すると、ほかの面——たとえば生物多様性とか水資源、暮らしの質など——に負の影響をもたらしてしまうからです。

さらに、大規模な植林が気候に与える影響は地域によって異なります。高緯度と低緯度での違いだけでなく、湿潤地か半乾燥地か、山地か平地か、大陸の東か西かなど、地域性を考慮した施業が必要となります。

森林の反射率が低いのも問題です。森林の反射率は一割程度です。そのためとくに、反射率の高い雪氷で覆われる機会の多い寒冷地で植林をすすめると、地球を温めてしまいます。

貯留には、地上部だけでなく、地下も考える必要があります。それで、土壌を知る必要がありま す。土壌に貯留される炭素の量は、その性質や水分、土壌中の微生物などに大きく依存します。捕集貯留の提案では、これらの知識が不可欠です。

求められる生物資源を限られた土地で生産しつつ捕集貯留を果たすには、単位面積あたりの効率を高めることも必要でしょう。そのための基礎的な知識の取得がなされなくてはなりません。たとえば、土壌有機物の含量を増やす耕作法、土壌有機物を減らさずに効果を維持する施肥法、環境への負荷が少なく労働負荷も低い農法などが求められているのです。

忘れてならない包括すべきものがまだあります。時間です。人類圏に顕著な特徴は、時間を重視し、それが短いことをよしとすることにあります。この捕集貯留計画の成否は、生物固有の時間をちゃんと尊重するという私たちの度量にもかかっています。

## 中身を詰める

捕集貯留法としての農業と林業をみてきました。農林業で捕集される炭素は有機物です。これをうまく利用すれば、いろいろな正の副次効果が得られます。たとえば、バイオ燃料として利用すれば化石燃料の使用が減り、結果として二酸化炭素の排出量が減ることになるのです。それは農林業のメリットです。

でも、そちらに目をくらまされて温暖化対策としての面を看板だけですましてしまい、中身を詰める作業がおろそかになりがちなのには要注意です。

排出権取引制度があるために、たとえば、自然の森を伐採して、制度の対象に指定されている高成長ユーカリに置き換えるとか、地元のリサイクル生活を排除して取り引き対象となる事業が進められるといった例があるようです。同じことが、ジオエンジニアリングの植林やバイオ炭などによる捕集貯留でもおきる危険性に気をつけなくてはなりません。

二酸化炭素を捕集している木を伐採してしまうと、二酸化炭素の捕集は止まります。新たに植えた苗木では捕集量が違うので置き換えたことになりません。ですから、樹木の木材としての価値と二酸化炭素捕集装置としての価値などのバランスを考えて、世代をまたがった適正な樹木の管理とその検証がなされないとなりません。

一方で、意外な事実が知られるようになっています。たとえば樹木による捕集です。木が育てば、大気中の二酸化炭素はそれだけ減るように思われます。ところが、そう単純ではないというのです。大気中の二酸化炭素濃度が増加し、その施肥効果で植物の生長が促進されると、土の中での植物根、バクテリア、真菌、鉱物、シュウ酸などの炭素化合物、それに湿度、温度などの相互作用が変化して、それまで固く結びついていた炭素が土から離れて二酸化炭素となって放出されるというのです。そうすると、地上部の植物体にふくまれる有機炭素の何倍かが根と土壌にあるため、植林で植物が育てば育つほど、差し引きで捕集される二酸化炭素量が減ることになりかねません。

また、これまで塩害や地下水汚染、化石水の枯渇など負の側面が注目されてきた砂漠での灌漑《かんがい》農業に炭素を貯留する働きがあると、二〇一五年の夏に報告されています。過剰な灌漑水が地下帯水層へ移動し、そこで炭素を貯留するというのです。

樹木の生長による炭素の捕集を地上部だけで判断できるのか。本当に乾燥地での過剰な灌漑が炭素の貯留に貢献するのか。これらの疑問に対する答えを、今の私たちは持っていません。

新たな知見を正しく把握し利用するのは、その先です。土壌中の炭素の形態、存在量、生物とのかかわり、滞留時間、農地から帯水層への水の移動、そこでの反応など、基礎的事実関係を踏まえて調べる必要があります。

## 7・2 海洋肥沃化

もともと漁業資源の増加という目的があった海洋肥沃化ですが、海の生態系の挙動について関連する知見を獲得しているうちに、深刻な温暖化問題を社会が認識するようになってきました。そのため、海洋肥沃化の捕集貯留側面が注目されることになったのです。そこに、海洋生態系における微量栄養素の役割を再考させたマーチンの「タンカー半分の鉄をくれたら氷河期をお返ししよう」という冗句があったことは、すでに6・3・4項で記した通りです。そうして海洋肥沃化は、ほかの気候改変案とともにジオエンジニアリング技術の一つになりました。

### 栄養を深海から

不足している栄養を補うと、確かに二酸化炭素が捕集される可能性はあるのです。でも、大規模に肥沃化をするには、いくつかの問題を解決しなくてはなりません。

その一つが、補う栄養をどこから持ってくるかです。仮に私たちが暮らしている陸で充分な栄養を手に入れることは簡単としても、それを海に輸送し散布するのは大仕事です。なるべく散布する海域の近くで手に入れることが望まれます。そこで、海面から数百メートル下にある海水を汲み上げて利用しようという提案があります。

実際、南極海では、栄養分である鉄を表層へ供給しているのは、冬の強い風と表面海水の冷却による深海からの湧昇だという報告があります。これにならって、拡散や移流を利用して栄養塩を水面に汲み上げ、それでプランクトンを生長させようというのです。この水塊の入れ替え案では、深層の海水は冷たいために、大気を冷やす副次効果もおこります。そのため、この案は熱帯低気圧を弱体化するジオエンジニアリング手法としても提案されています（☞5・2・6項）。

## ロンドン海洋投棄条約

栄養を海で得ようという発想には、陸からの調達が困難という理由のほかに、社会的なものがあります。陸で生じたものを海に投入するのを禁止するロンドン条約という国際条約の存在です。

かつて、「広大な海に捨てれば何でも薄めて綺麗《きれい》にしてくれる」という幻想がありました。第二次世界大戦後、一〇〇万トンにおよぶ化学兵器を海に投棄したのは、そんな考えの極みです。それが通じなくなっています。ジャングルの奥地はもとより、地の底も海の底も、地球の隅々まで人間活動が拡大したからです。「臭いものに蓋をして知らん顔ですます」という意味合いの英語の慣用句に「ゴミを絨毯《じゅうたん》の下に掃きいれる」というものがあります。その絨毯は、とうに剝《は》ぎ取られてしまいました。だから、ロンドン条約があるのです。

ロンドン条約は、生き物にとって栄養の塊ともいえる「し尿」を海に捨てることを禁止しています。ですから、不足している栄養で海を肥沃化するといって散布しているものが、「実はゴミではないのか」という指摘があるのも当然です。微量栄養成分である鉄を散布しているといっても、つかっているのは鉄屑や産業廃棄物の硫酸鉄かもしれません。そして、二〇一三年に改定されたロンドン条約では、栄養を陸から持ちこむ海洋肥沃化は研究目的でない限り禁止されました。

## 湧き上がる二酸化炭素

深海の水を汲み上げて栄養とする場合、考えておかなければならないことがあります。確かに深海には栄養があり、それが湧き上がってくる海域では藻類の増殖が盛んで豊かな漁場となります。でも、厄介なものも湧き上がってきます。二酸化炭素です。

栄養に富んだ深層の海水は二酸化炭素濃度が高いのです。湧昇域の表面海水の二酸化炭素濃度は、大気と平衡にある濃度の倍を超えることがあります。そうすると、人工的に湧昇をおこして藻類が増殖したとしても、藻類が二酸化炭素を捕集する以上に海から二酸化炭素が放出されてしまうかもしれません。

バルト海では、青潮とよばれる酸素不足の深海域が問題となっており、これを解決するために酸素の豊富な表面海水を水塊交替によって海底に送りこもうとしています。小規模実験では期待通りの成果が得られたと、二〇一五年に発表されています。これが本格的に実行されたとき、交替で深海から湧き上がってくる海水から大量の二酸化炭素が放出されるかもしれません。深海に溶けこんでいる二酸化炭素に加えて、有機炭素までもが酸素の豊富な表面海水に触れて分解し、二酸化炭素になるからです。

大気中二酸化炭素の濃度を下げる目的で水塊交替による肥沃化をおこなうのであれば、この点をおさえておかないとなりません。

## 肥沃化の課題

肥沃化が生態系のバランスを崩すと懸念されてもいます。たとえば、生長の制約となっていた栄養素が供給されることによって藻類が異常に繁殖すると、赤潮が起きるかもしれません。ときには、それが養殖場に流れこむこともあるでしょう。また、増えた藻類が分解するときに酸素をつかうので、青潮が生じ、そこに暮らす魚介類が全滅する可能性だってあります。

また、特定の藻類が増えれば、生物どうしのつながりばかりか、生物の種類そのものが変わるわけです。それが、人間にとってさえよいことばかりとは限りません。たとえば、有毒な藻類の増殖です。実際、主要な栄養である硝酸が豊富であるのに鉄が少ない海域で鉄を散布したところ、有毒な種類のケイ藻が増加した例があるのです。

そこまでいたらないとしても、肥沃化は食物連鎖の始点である藻類を増やすのですから、当然、海の生態系を大きく変えることになります。栄養が豊富なときに増殖する生物の種類は限られます。そのため、その海域の生態系全体が変わってしまうのです。肥沃化が大規模であればあるほど、その範囲は広くなります。

ほかにも、「海洋の酸性化を促進してしまうおそれ」、「温室効果ガスである一酸化二窒素などの発生」、「深海と底棲《ていせい》の生態系への悪影響」、「肥沃化をおこなった場所や時期とはかけ離れたところに思わぬ影響をもたらすおそれ」、「成層圏オゾン層の回復が遅れてしまう可能性」などが指摘されています。

## 二兎が分かれて

肥沃化の提案は、その目的が「温暖化の抑止」なのか「漁業資源の増加」なのかを曖昧にしてきました。今、それではすまなくなってきました。

たとえば、二〇一三年に出版された南極ロス海での自然の鉄収支に関する論文は、二兎を追うことはできないといっています。肥沃化で増殖したケイ藻は、ほかのプランクトンがつかう倍の鉄を取りこんで大きな殻をつくります。それが沈んでしまうので、表層にとどまるプランクトンは鉄の要求度が低いものばかりになり、貧弱な生物相になってしまうというのです。

それでも、ケイ藻に捕集され沈降した炭素の相当部分が、海底に達し確実に長期間貯留されるのであれば、兎一羽だけは手に入るでしょう。実は、その確証がないのです。むしろ、途中で分解し貯留されないという報告があります。東部北大西洋での調査の結果、動物プランクトンとバクテリアの連携で八割ほどの有機物が水深五〇メートルから一〇〇〇メートルの「輸送カラム」で分解されているというのです。

一方で、最近、南極海で得た堆積物コアにある有孔虫殻の窒素同位体比を求め、最終氷期の硝酸消費、鉄の堆積量、それに生物生産の関連を求めた結果、「最終氷期進行時に二酸化炭素が減少した理由は、塵にふくまれた鉄によって昂進《こうしん》した生物ポンプだった」という報告があります。最終氷期極大期における二酸化炭素減少の半分は、風によって運ばれた塵中の鉄による肥沃化で説明できるのだそうです。これは、長期にわたる間断ない生物ポンプによって海に取りこまれた二酸化炭素が、一〇〇〇年スケールで海にとどまる可能性を示しています。

## 素朴な疑問にも答えられない

貯留についての見解が定まらないのは、それを決めている因子をちゃんと把握していないからです。まだ私たちは知らないのです。

捕集された炭素が時間につれてどのように移動していくかを追跡すること自体が、海のように立体的に広がった空間では困難であり、栄養の散布によって正味の炭素捕集がおきているかさえも把握できていません。まして、どのくらいの期間、炭素が貯留されるのかはまったくわからないままです。「どんな形態の炭素化合物がどれくらいの量でどんなふうに深海で貯留されているのか」に答えるのは、まだまだ先のことです。

いちいち挙げていると切りがありませんが、「適切な栄養の形態と散布法は何か」、「加えた栄養あたり捕集される炭素の量がどのくらいか」、「捕集された炭素がどのような変化をおこすのか」、「海底へ沈降する炭素量はいくら増えるのか」、「どうやって捕集炭素の沈降を監視し検証するか」、「海底での呼吸量は変化するのか」、「海中や海底堆積物に化学的影響はあるのか」などなど、捕集貯留技術に直接かかわる素朴な疑問にも答えられないのです。

海洋肥沃化を、温暖化を抑止するほどの規模でおこなったときの環境影響がまったく不明であるのも、早急に解明が求められる課題です。

環境に対するメリットとデメリットについて、もっと研究が必要だといえます。

肥沃化がもたらす海の変化を私たちが受け入れるには、一体どんな変化がおきるかを知っていることが大前提です。ところが、肥沃化がどこまで理解されているかをまとめた専門分野の総説でさえ、「肥沃化が海の生物と化学に与える変動について充分把握できていないために、どのような事態を招くか予測が困難である」としているのです。

### 検証法の確立

藻類の生長を制約する因子は時期や場所によってさまざまです。それを把握していないと、何をすれば肥沃化が実現するかもわかりません。それが鉄であると判明したとして、次には、鉄を適切な量だけ供給しなければなりません。少なくても多すぎてもダメです。ちゃんとしたコントロールが必要です。それが現状ではできないのです。

貯留ができたか否かを知る方法さえありません。生物に捕集された炭素が期待通り海底に沈んで長期間隔離されるのか否かが未知であるうえに、その確認自体がとても難しいのです。効果を検証する手段がないのですから、本来であれば、その方法論を整備することから始めなくてはならないのです。ところがジオエンジニアリングの技術開発提案というレベルでは、そのような取り組みにまで手が回らず先延ばしになっています。

### 海を知ろう

散布中や散布後に海の食物網がどのように変化するか、どの生物を二酸化炭素捕集という視点で目標にすべきか、どの海域で実行すべきか、散布の量と期間、どのような環境条件のときに実施するとよいか、効果をどうやって測定するか、メタンや一酸化二窒素といった別の温室効果ガスの発生がないか、どのような副次効果があるか、などを確かめる方法の確立が急がれます。

海洋肥沃化で漁業資源を増加させるのも、温暖化を抑制するのも、原理としては可能です。ある試算では、二酸化炭素濃度が倍になったとき、最大五%を捕集できるという推定がされています。たとえそれだけの藻類の増殖があったとしても、そこから食物連鎖で水産資源の増加が見られるか、あるいは温暖化対策として捕集された炭素が沈降して長期間海に貯留されるかは、まだまだわかっていないことばかりといえます。

海洋肥沃化は、捕集貯留技術の中でも多くの蓄積があり、それなりの期待があるのです。でも、知らないことが多すぎます。まずは、海そのものを知る努力が大事です。

## 7・3 炭素捕集貯留(CCS)

二〇一四年、IPCCがまとめた第五次評価報告書は、CCSを伴った化石燃料の利用を「低炭素エネルギー」に位置づけました。日本のエネルギー基本計画でも、「発生する二酸化炭素を地中に貯留する設備がついた火力発電所」の実用化を二〇二〇年ごろにめざしています。これが実用化されれば、大気に廃棄される二酸化炭素は少なくなり、温暖化の抑制に役立つはずです。なかには、「化石燃料をつかいつづけるために、捕集貯留技術は発展しつづけなければならない」という逆立ちした主張さえあります。

## 万能パイプ末端技術？

こういった背景から、もともとはスポット発生源で捕集した二酸化炭素の貯留を想定していたCCSが、ネッツの一端を担う「万能パイプ末端技術」とされるようになっています。

大気中の二酸化炭素が増加しつづけているために、大気からの捕集を現実の課題とせざるを得ない状況になってしまったからです。第五次評価報告書が想定している今世紀末までの二酸化炭素排出シナリオの多くが、「今世紀後半にはネッツに依存しなければならない」としているのです。

この事態を象徴する提案が「バイオエネルギー・二酸化炭素捕集貯留」という和訳があるBECCSです。

## BECCS

第五次評価報告書では、気温の上昇を産業革命当時にくらべて二℃以内に収めるために、「二〇五〇年には、年間数十億トンの規模で二酸化炭素を捕集し貯留している」とされています。そこで期待されていのがBECCSです。

BECCSは、大気中の二酸化炭素を生物の働きで捕集し燃料として利用したあとで、発生する二酸化炭素をふたたび捕集しCCSで貯留するという提案です。バイオ燃料とCCSを結びつけ、途中でエネルギーを得ることができるとされるものです（図7－2）。

液体燃料としてつかわれる「バイオ燃料」以外にも、製材所からでてくる端材や農地の刈り草、あるいは食品加工場からの野菜くずなどを燃やして発電や熱源として利用することも、BECCS

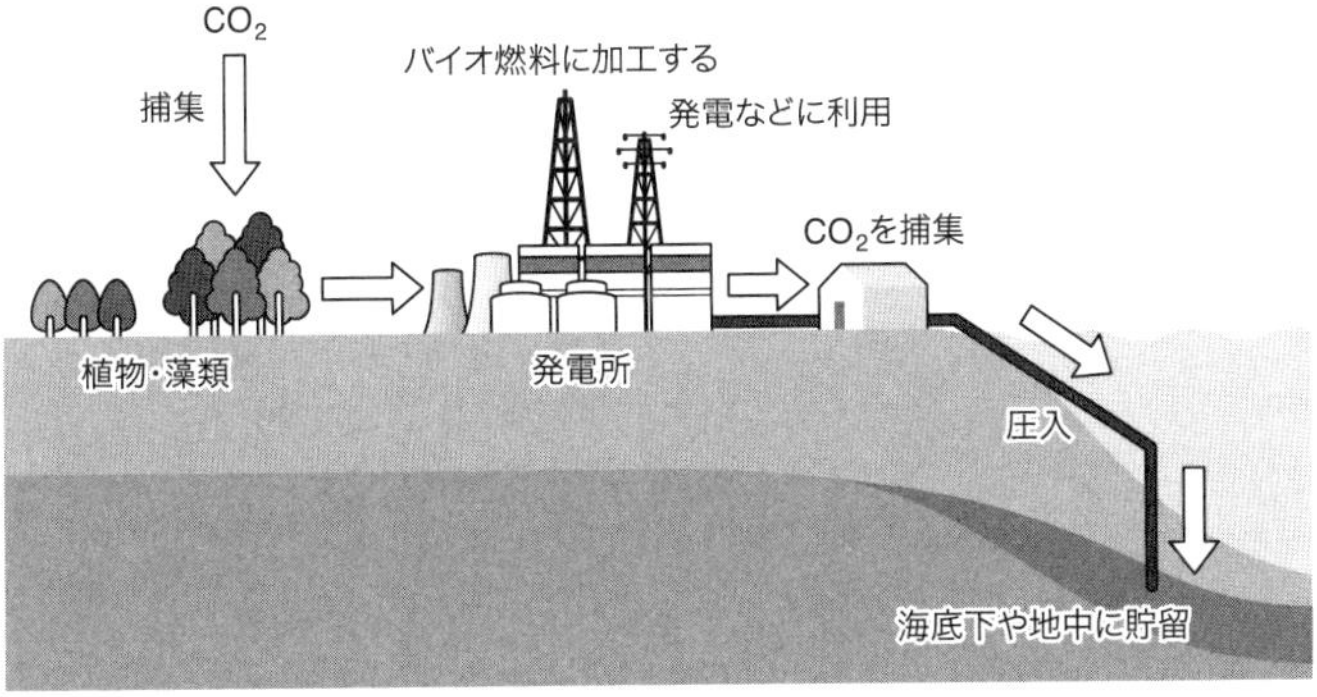


図7－2　BECCSの考え
光合成の働きで二酸化炭素を捕集し、育った植物や藻類をバイオ燃料として利用します。このときに発生する二酸化炭素をふたたび捕集して貯留します。すべてが想定通りに運べば、大気中の二酸化炭素が減少します。

にふくまれます。このときに発生する二酸化炭素を捕集し貯留すればよいのです。

ＢＥＣＣＳがあれば、今世紀中に炭素量で三〇〇〇億トン（二酸化炭素の量では一兆トン）が貯留されるとされ、第五次評価報告書では植林と並ぶ切り札あつかいです。二〇一五年に全米研究評議会が二年がかりでジオエンジニアリングの技術評価をした報告書でも、ＢＥＣＣＳに対して同様の期待が述べられています。

この想定が本当に実現するという前提にたてば、それだけ二酸化炭素を大気に捨てつづけることができるという話にもなります。そのため、額面しか見ずに、これに期待することもおきています。額面通りの中身があるのか、それに見あった貯留法が実現するのかを、慎重に見定めなければなりません。

そこで、ＣＣＳの検討に入る前に、ＣＣＳの新たな役割とされるＢＥＣＣＳについて紹介しましょう。

## BECCSへの期待と反感

これまでもっともまとまったBECCSに関する報告書は、二〇一一年に国際エネルギー機関から発表されています。

そこでは、二〇五〇年までにBECCSによって一〇〇億トンの二酸化炭素を火力発電所、製紙工場、エタノール製造業者などから捕集し貯留できるという試算がされました。また、BECCSによって排出が減った見返りとして、「二酸化炭素の削減コストが高い輸送などの産業部門が温室効果ガスをしばらく大気に捨てつづけることができ、その結果、将来世代に残す経済的負担が減る」という試算もされています。今世紀中の緩和策に必要なコストが半減するというのです。将来世代に始末してもらう二酸化炭素を増やして、額面としての負債を減らす。世代を越えた朝三暮四の提案です。

さらに、地球の温暖化を「産業革命前から二℃上昇以内におさえる」という国際的目標の達成が困難といわれていることに関して、「いったんは温度上昇二℃以内という目標を越えてしまっても、BECCSを継続することで、今世紀半ばには一・五℃以内に収められる」という論文まで発表されています。

ただし、この議論には落とし穴があるかもしれません。温度は簡単に上下するとしても、そのほかの環境要素がその変化に追随する速さはさまざまだからです。二〇一五年の夏に、捕集を数百年つづけても、いったん進行した海の環境劣化は回復しないとの報告がでています。

このようなこともあるからでしょうか。バイオ燃料の悪影響を監視するイギリスの民間団体は、二〇一二年にだした報告書で、ご都合主義的な論調もあるBECCSの動機や背景に注目して、この提案は「危険なゴマカシ」であるとしています。

## BECCSの課題

ゴマカシでないとしても、BECCSには課題があります。生物生産物を大規模にエネルギー源として利用する提案に伴う難題です。

IPCCによる試算では、温度上昇を二℃以内に収める場合、二一〇〇年にBECCSに期待されるエネルギー量を満たすには、現在、熱利用されているバイオマスのおよそ三倍が必要になります。これほどのバイオマスを得るには、まだ技術レベルで実現していない夢のBECCSでも、現在の耕作面積の四分の一を超える五〇〇〇万平方キロメートルの栽培面積が必要といわれます。さらに、淡水の供給も難題です。安全・安心な飲料水の確保が今世紀最大の課題とさえいわれる中、燃料用植物の栽培に多くを割りあてる余裕はないからです。

仮に、図7－2に示した流れのどこも滞らずに技術革新と社会への実装がおきたとしましょう。すると食料生産との競合が問題になります。二一〇〇年に予想される世界人口は、国連によれば一〇九億人。二〇一四年に発表された推計では、最大で一二三億人です。この人口を支える食料供給は、何事にも優る最優先事項でしょう。よほど楽観的にみても、現在の耕地を減らすことは困難です。そうすると、残された道は森林の伐採です。ほかに、これだけの規模で植物を育てる土地は残っていないからです。

## 近視眼の袋小路

しかし、森林を伐採すれば森林による捕集は失われ、森林を破壊して畑にしているのと変わりません。何のための捕集なのかが怪しくなってしまいます。

そこで次には、森林は伐採せず、遺伝子操作などで乾燥や塩害に強い植物をつくりだし、これまで作物が育たなかった土地で栽培するという発想も可能でしょう。

ところが、これが行き過ぎれば、地力を保つために化学肥料が多用されることになるかもしれません。「それでは、遺伝子操作で無肥料、無農薬でも元気よく育つ生物をつくりましょう」ということも、あり得ないとはいえません。こうして、どんどん夢と悪夢がごちゃ混ぜになってしまい、ますます現実性が希薄になってしまいます。

## つなげないBECCS

ほかに、BECCS用に植物や藻類を大規模に栽培する際の問題として、①生物多様性の喪失、②水資源の競合、③大気汚染物質の増加、④有機炭素や栄養塩が土に戻らない、が挙げられています。

BECCSは、意見が分かれている提案です。一部の要素技術はありますが、温暖化対策として広くつかえるには、バイオマスのエネルギー利用とCCSとをつなぐ課題、すなわち、「分散した場所から生じるバイオマスを、分散した場所でエネルギーとして利用したあと、二酸化炭素を捕集・回収し、貯留適地に輸送する道筋」について、詳細な検討がなくてはなりません。

そのうえで、社会的な問題、経済的な問題もクリアするとなると、仮にそれらが実現しても、それには相当な時間がかかります。二〇一四年の末に、トヨタ自動車が七〇〇万円を超える値段で燃料電池車の販売を開始しました。燃料電池車の構想が現実的な課題となったのは前世紀末のことです。しかも、普及はこれからです。それを考えると、今から全速力でBECCSに取り組んでもIPCCの目論見通りに事が運ぶのは、おぼつかないというのが正直なところでしょう。

## CCSの役割――パイプの末端

さまざまな二酸化炭素の捕集についてみてきました。その中には、有機物のまま貯留するものや、風化のように貯留まで達成してしまうものもありましたが、多くの案では、集められた二酸化炭素の貯留をCCSに依存しています。

CCSは、スポット発生源に限らず、回収された二酸化炭素一般に応用可能とされる未来の技術です。この夢を実現するには、多くの課題が解決されなければなりません。事実、気候変動に関する学術誌が二〇一三年に捕集貯留技術の特集で掲載した総説には、「二〇二〇年以内に有効な手段として実用される技術はない」とあるのです。まだまだ遠くの技術です。

## CCSの役割――脱炭素へのつなぎ

そもそも捕集貯留技術は、再生可能エネルギーが普及し省エネ高効率の機器も開発されて、私たち人間社会で二酸化炭素が廃棄物として大量に生じない時代がくるまでの「時間稼ぎ技術（ブリッジ技術）」です。したがって捕集貯留技術は今世紀中に社会に実装されなくてはなりません。一〇〇年先につかえても無意味なのです。ＣＣＳは、そのカギになる要素技術です。

現在の火力発電所は、発電効率を考慮して大規模なものが多くあります。そこでは、その規模に応じた莫大な量の二酸化炭素が生じます。燃料を運びこむのに適したところに設置された火力発電所では、この二酸化炭素を捕集し貯留に適したところに輸送しなければなりません。

意外に思われるかもしれません。火力発電所に寿命はないのです。法に基づいた定期検査や定期安全検査などに合格する限り、半永久的につかいつづけることができます。これは、「今から新しく建設される火力発電所では、二酸化炭素の貯留を考慮して立地されるため輸送の心配はない。いわば裏庭で貯留ができるから」という考えが成り立たないことを意味します。「二酸化炭素の輸送を考慮していない立地で操業をつづける火力発電所で捕集された二酸化炭素を貯留するＣＣＳ」でなくてはならないのです。

## 発生源と貯留地との距離

それでも、幸い火力発電所で捕集した二酸化炭素を安全に貯留できる場所が見つかったとします。すると次は、そこまでの輸送です。石油を燃やすと生じる二酸化炭素の重さは、元の石油の三倍にもなります。しかも、原油は液体なのに、二酸化炭素は常温常圧では気体で大きな体積を占めます。この二酸化炭素の化学的性質が輸送の経済性の点から問題となります。とくに、海で貯留する場合、これが顕著になります。海洋肥沃化でも問題となった距離の問題です。二酸化炭素のほとんどが、人間が暮らしている陸で発生するからです。安全かつ経済合理性のある方法で貯留地まで輸送するだけで、大変な手間とコストがかかるはずです。まして、自動車や家庭、工場などの分散した小規模発生源からの二酸化炭素、それに空気捕集した二酸化炭素、これを輸送するとなると、さらに手間がかかります。

多くのCCS案では、パイプラインなどで海岸に運び、そのままパイプを貯留地に延伸するかタンカーに積み替えて運びます。そこから海中に送りこむ場所は、ロンドン条約の縛りがなければ、表層から海底までさまざまなものが可能であり、パイプで表層ないし浅海部分に注入するのがコストの面からもっとも優れているとされています。しかし、濃縮した二酸化炭素をそのまま海水に圧入すれば、そこを酸性化します。当然、海の生物に重大な影響をおよぼします。

そもそも、これでは大気に捨てられなくなった廃棄物を海に捨てているのにほかなりません。よほど人間社会が二酸化炭素の始末に破れかぶれにならない限り、認められることではないでしょう。しかし他方で、海底地殻に貯留する案では、技術的経済的な問題が大きくなります。とくに、海底の深度と地殻中の深さが増すと、どちらの問題も急激に困難になるのです。

## 現行CCSプロジェクト

CCSは、回収した二酸化炭素を安全に隔離できる場所で原則そのまま貯留する技術です。現在、年に一〇〇万トン以上の二酸化炭素についてCCSを実施している研究プロジェクトが、世界で二つあります。ノルウェーのスライプナー天然ガス田（海上）とカナダのワイバーン油田（陸上）です。

一九九六年以来、スライプナーでは、天然ガスの採掘に伴って生じる二酸化炭素を海底地殻中の帯水層砂岩に戻しています。これまでに合計で一四〇〇万トンを戻しており、二〇一五年にプロジェクトを終了する予定だといいます。ワイバーン油田では、国境をまたぐ三二〇キロメートルのパイプラインを敷設し、アメリカにある石炭ガス化炉からの二酸化炭素を輸送し、油田に圧入する石油増進回収をしています（☞6・5節）。

## ニオス湖の悲劇

貯留地の選択で、最初に思いつくのが陸にするか海にするかです。陸は私たち人間が暮らしているところです。どうしても、「ゴミを身近に置きたくない」という心理が働きます。そこで、陸ならば地中に埋めることになります。海の場合も、結局、海底地殻中に貯留することになります。7・2節で述べたように、陸起源物質の海洋投棄に関するロンドン条約があるからです。そこで、海にせよ陸にせよ、地中に埋めることがCCSでは前提になっています。

二酸化炭素は常温常圧で気体であり、炭鉱やガス・水道工事などの事故で人命を奪う危険なガスです。

アポロ一三号の宇宙飛行士の命を危険にさらしたのも二酸化炭素でした。一九九五年に公開されたトム・ハンクス主演の『アポロ13』では、船内に蓄積する二酸化炭素を除去するフィルターを、間に合わせでつくるシーンが一つのハイライトだったのをご記憶の読者も多いでしょう。

アポロ一三号では、管制官たちの機転で宇宙飛行士は地球に無事帰還しました。ところが、地中に溜まっていた二酸化炭素が噴きだして多くの人命を奪った例が知られています。一九八六年八月、カメルーンのニオス湖での出来事です。貯留の天然版ともいえる湖底の地下にあるマグマ溜まりから突然、二酸化炭素が噴出し、二〇〇〇人近くの方が亡くなったのです。

安全に長期間貯留できる地層は限られています。

## 事故に備える

二〇一〇年に、メキシコ湾で原油流出事故がおきました。その原因は、一五〇〇メートルの海底から四キロメートル下まで延ばした掘削パイプが亀裂を生じ、そこから漏れだしたガスに火がついたためといわれています。地下深く二酸化炭素を貯留するときにも、同様なことがおきないとはいえません。

そのうえ、地下に圧入すること自体が地震の引き金になっているという話があります。たとえば、南カリフォルニアのソルトン湖での地熱発電に伴う水の汲み上げと戻しが地震を誘発しているというのです。また、これまで地震の記録がなかったアメリカ・テキサス州のアズレで、二〇一三年の一一月から翌年の春にかけておきた地震が、天然ガスの採掘に伴う大量の水の圧入による可能性が高いという報告もあります。

日本の近くで大地震は必ずおこります。二酸化炭素貯留の安全性評価では、そんなときのことも考えておかなければなりません。

そこで、「地中に貯留した二酸化炭素が漏れたら、一体どのようなことがおきるか」を想定した実験が、スコットランドのアードマックニッシュ湾で二〇一二年の五月から始まっています。日本の科学者も参加して四年をかけるこの計画が、世界ではじめて唯一の、貯留された二酸化炭素の漏れを想定した実験だといわれています。二〇一五年の七月には、これまでの実験から学んだ「貯留場所の選定で考慮すべき点」が報告されました。そこには、海底地殻上の海が満たすべき要件など、これまでの地質的な要件以外の新たなものが加わっています。

## 実施例から学ぶ手間

年間で一〇〇万トンを超える二酸化炭素を商業スケールで埋め戻している二か所（スライプナー天然ガス田、ワイバーン油田）と、二〇一一年に操業を停止するまで埋め戻していたイン・サラ天然ガス田の計三か所の地質的特性を比較したところ、それぞれ固有の状況があり、一絡《ひとから》げにはできず、継続した監視が欠かせないという報告があります。監視するのは、異常が見つかる可能性があるからです。これまでの履歴と地理的条件は、それぞれのサイトごとに異なります。そのため、「異常に際して、どれにもつかえる万能手順はない」というのです。

仮に、私たちが大気に捨てている二酸化炭素の一割に満たない年間三〇億トンの二酸化炭素を捕集してCCSで貯留するとしましょう。これは、現在、試験的にCCSが試みられている量の一五〇〇倍です。これを、数千年にわたって安定して貯留可能なサイトを見いだし監視をつづけるのです。

## 挫折したフューチャージェン

二〇一五年の二月、アメリカ・エネルギー省の目玉だったCCS実証プロジェクトが中断に追いこまれました。

火力発電所の燃焼産物を大気に一切ださないというふれこみで、二〇〇三年に開始した「フューチャージェン計画」です。

最新の燃焼法を用い、発生する二酸化炭素は五〇キロメートルに満たない場所へパイプで輸送し、地下に貯留するフューチャージェン計画。それが、連邦政府から一一億ドルの資金援助を得ていながら挫折したのです。

計画が発足した当時、石油と天然ガスの枯渇が目の前に迫っていることが広く認知されていました。そのため、自国に豊富にある石炭を、燃焼産物である二酸化炭素を大気へ捨てずに利用できれば、石油生産国に気兼ねすることもなく、安価かつ安定したエネルギーが国内に供給できるという目論見が、アメリカにはあったのです。

ブッシュ大統領は「二〇一二年までに、汚染物も温室効果ガスもでてこない石炭火力発電所第一号をつくる」と宣言し、CCSに期待を寄せました。おそらく、科学技術者たちが「夢の技術」を売りこんで、大統領はそれに飛びついたのでしょう。日本も一〇〇〇万ドルを拠出し、技術提供もしていました。

ところが、開始から一〇年もしないうちにエネルギー事情に大変革がおきました。それまで採掘ができなかった油頁岩《ゆけつがん》（シェール）から石油とガスを得る技術が開発されたのです。

こうして、便利な燃料であるシェール・ガスとシェール・オイルが国内で安価に生産できるようになった今、フューチャージェン計画は中断されました。これは一方で、計画の推進者の中には脱炭素・脱石油という掛け声とは裏腹の、安くて汚い石炭を心置きなく燃やしたい人々がいたことを示すとともに、もう一方で、CCSがとても困難な課題であることを象徴しています。

## リーダーの憂鬱

スポット発生源であり、捕集が比較的容易と思われる火力発電所でさえ、捕集は高くつきます。輸送や貯留の手間を考えなくても、エネルギーでもコストでも、その何割かが捕集だけでつかわれるといわれています。

北海油田が自国の経済水域にあるノルウェーは、CCSに熱心なことで知られています。二〇〇七年には、当時首相だったイェンス・ストルテンベルグがCCSの開発を「ノルウェーにとっての月面着陸」としたほどです。それが今、この高コストと高エネルギー消費のために頓挫寸前の状態です。

イギリス政府の公約だったCCSに対する一〇億ポンドの支援も二〇一五年の一一月に突然キャンセルされました。

地中貯留技術には、コスト削減、圧入した二酸化炭素の漏洩《ろうえい》、環境への影響、安全性評価手法の確立、海洋生態系への影響、法制度の整備、国民の理解など、課題が山積しています。

### 日本に適地はない

それでも世界を見渡せば、南極大陸以外のどの大陸にも貯留に適した地層はあるようです。大陸近傍の海にも貯留に適した地殻があるとされています。

ところが、日本近海にはそのような場所はほとんどないのです（図7－3）。意見は分かれているようですが、誰もが一致して適地とする場所はありません。東北の日本海側沿岸の一部を除けば、日本にもっとも近い適地は南京から東シナ海に向けて東北方向に伸びた地域、あるいは樺太の北部を囲むオホーツク海です。

### 地下に埋めないCCS

多くが二酸化炭素のままで地中や海底地殻中での貯留を想定しているCCSですが、これに伴う解決困難な問題を回避するために、最近、セメント、プラスチックなどの固形物として貯留する案がだされています。有機炭素をそのまま木材として貯留する、法隆寺の話題（☞6－4節）に似た発想です。これが実現したら、エジプトのピラミッドを凌駕《りょうが》する文明の金字塔となることでしょう。

## 7・4　捕集貯留のまとめ

二酸化炭素を捕集貯留する、さまざまな要素技術の提案をみました。

現在の資源とエネルギーを浪費する社会を根本的に変えずに、これまでに提案されている捕集貯

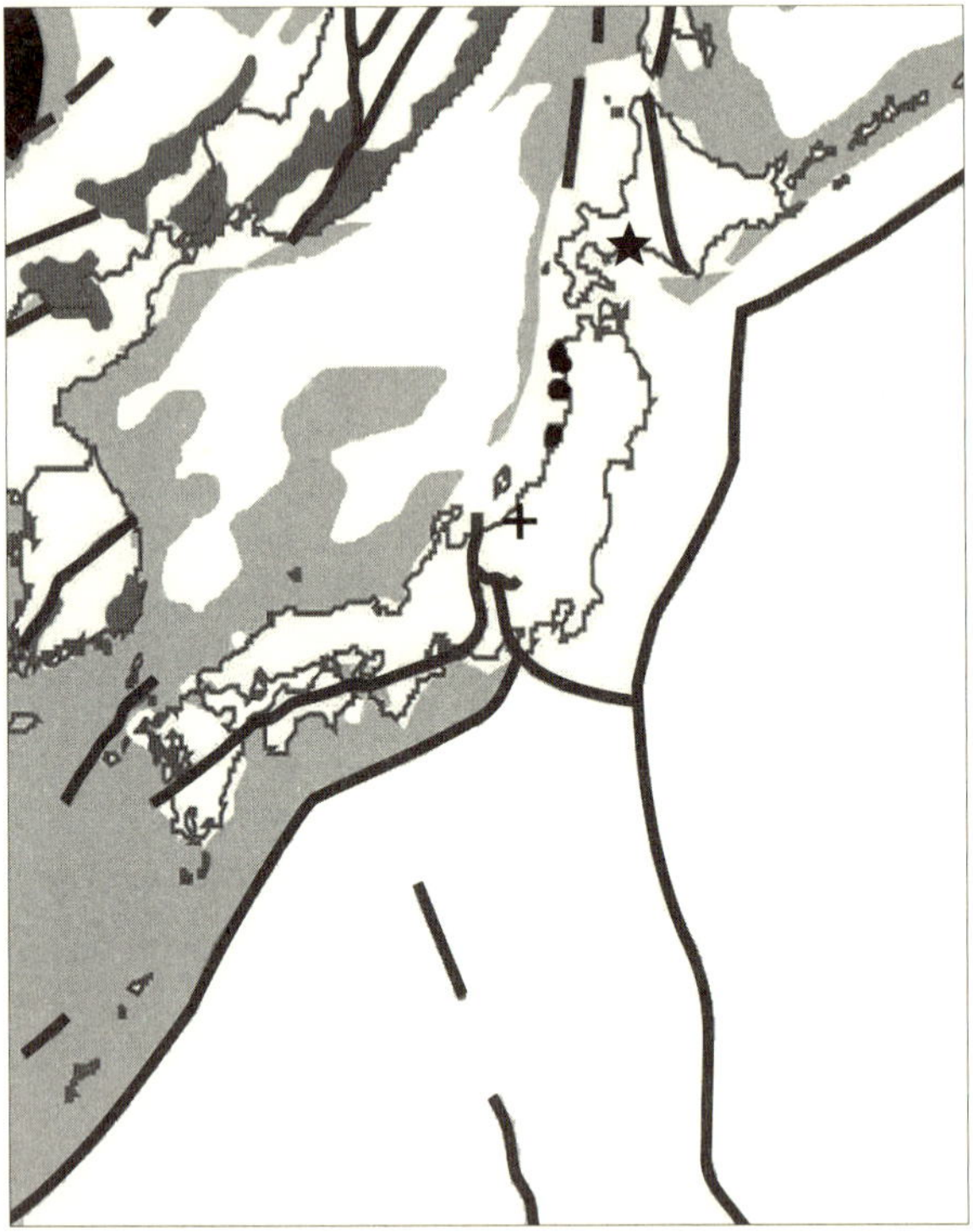

図7－3　地質的な観点からみた日本とその周辺の二酸化炭素貯留適地

IEAGHG R&D Programme（国際エネルギー機関温室効果ガス R&D プログラム）の *Geogreen and Global CCS Institute*（2011）にある原図から日本周辺を切り取って白黒図用に加工したものです。海・陸ともに、白色は貯留に適さない地域、薄灰色は適地ではないが貯留可能な地域、濃灰色は未解明、そして黒がきわめて適す地域を示します。太線はおもな断層です。日本ならびに近海では、適地が東北の日本海側沿岸の狭い3か所に限られていることがみてとれます。図中に＋印で示した新潟県の長岡では、2003年7月から1年半かけて二酸化炭素1万トンを陸上の地下深部にある塩水帯水層に圧入する試験が実施されました。★印で示した北海道の苫小牧では、海底地殻の塩水帯水層に年間10万トンを超える圧入実験が2012年から始まっています。計画では、2020年度までにCCS技術の実用化を検証することになっています。

留に頼って気温上昇を二℃以内に収めようという考えは、もはや相当に甘いことがみてとれましたでしょうか。

だからといって、自暴自棄になるわけにはいきません。

## 捕集貯留技術の課題

人類圏からの温室効果ガス排出を自然が処理できる範囲内にする社会（口絵⑯）が実現するまでの間、捕集貯留を実施することは避けられません。ところが、私たちが大気に廃棄している二酸化炭素の量は厖大《ぼうだい》です。そのため、意味があるほどの捕集貯留を実現するには時間がかかります。社会のインフラが交代するだけでも何十年という時間がかかるのに、システムとして成熟した捕集貯留技術が今は一つもないからです。

コストが低いもの、実現の可能性が高いもの、安全なもの、量的な効果が大きいものなどから、選択して試みることです。従来の「しがらみ」に浸かっている場合ではありません。まして、アリバイづくりですましている余裕など、今やないのです。

二酸化炭素の捕集貯留は、再生可能エネルギーで人類圏が自立するまでの時間稼ぎであるはずなのに、私たちはそれを単なるお題目にしてしまい、エネルギー自立はおざなりにしました。その結果、もう稼ぐ時間さえなくなっています。

気温が二・五℃上昇すると森林の炭素捕集力が失われると懸念されているのは、時間が迫っていることの一例です。また、海水温が上昇すれば、それだけ、大気中の二酸化炭素が海に溶けこみにくくなります。これも、時間切れが近づいている例です。

## 人類圏を圏にする

現在、捕集貯留技術共通の特徴である大気中温室効果ガスそのものを削減するという視点から、図7－1に示した「ネッツ」がもてはやされています。ネッツの有効性は、貯留という未完の技術に依存しています。絵に描いた餅になる可能性が大きいのです。人類圏自立の困難を選ばない人々が放つ、新たな目くらましになりかねません。

私たちが抱えている問題は、温暖化だけではありません。温室効果ガスに限らず、自然の処理力に応じた廃棄量で成り立つ自立した人間社会、名前に恥じない私たちの圏、人類圏をつくることが必要です（口絵⑯）。

そのためには、二℃にこだわって限られた資源と時間を無駄にするのではなく、日本の地理的特長を活かした戦略をたてることが求められます。

その努力の一端として捕集貯留分野では、たとえば、未利用有機物のエネルギー利用とバイオ炭での貯留、無理のない森林の再生、応用を視野に入れた風化の仕組みの研究、スポット発生源からの二酸化炭素捕集とその確実な貯留、何事においても効率がよく資源とエネルギーの消費が小さい社会、海と陸の物質循環の解明などに取り組むことです。

意図的に温暖化に働きかけようとしなくても、結果として大きな影響をもたらしかねない人間活動があります。そもそも、二酸化炭素の大気への廃棄がそうでした。それが、ほかにもあるのです。

### 事故

まず考えられるのは事故です。たとえば、7・3節で触れたカリフォルニア州最人の湖であるソルトン湖は、一〇〇年あまり前におきた農地開発時の事故で生まれた湖です。湖面の広さは琵琶湖の一・四倍あまりもあります。これだけの湖がつくられれば、それに頼って暮らし始める生き物はもとより、周囲の気候も変わるでしょう。実際、現在のソルトン湖は渡り鳥の貴重な休息地であり、四〇〇種を超える鳥類が観測されている「鳥類多様性の至宝」とまで形容され、今では周辺の農地からの用水流入の減少が懸念されているのです。

事故ではなく、意図しなかった副次的な効果によるジオエンジニアリングもあり得ます。同じく7・3節で取り上げた地熱発電や、天然ガスの採掘でおきているといわれる地震がその例になります。もう一〇年近くつづいているインドネシア東ジャワの泥火山の活動も、最近、その原因が事故によるものという説が有力になっています。ここ数年盛んになってきたシェール・ガスの採掘に伴う地下への水の圧入も地震を引きおこしているといわれています。CCSで二酸化炭素を地殻中に圧入するときにも似たことがおきるかもしれません。

湖の誕生、地震の発生、火山の噴火。これらが事故の結果としておこり、気候の変化をもたらす可能性があるのです。

**戦争**

核の冬。お聞きになったことがあるでしょうか。アメリカの天文学者カール・セーガンらにより一九八三年に提唱された「全面核戦争が氷河期をもたらす」という考えです。

インドとパキスタンとの局地的な戦争で、小型の核爆弾一〇〇発がつかわれたときの気候と穀物生産への影響を調べた結果が、二〇一二年と二〇一四年に発表されています。核爆弾一〇〇発は、人間が所有している核弾頭の数にくらべればほんの一部です。それでも、火災に伴う黒色炭素五〇〇万トンが成層圏にまで巻き上がって成層圏を強熱し、地表はその分、冷えてしまいます（☞豆事典「エアロゾル」）。その結果、放射性物質の収穫への悪影響を無視しても、「核の冷害」がおこります。

アメリカ中西部のトウモロコシと大豆の生産にどんな影響があるか求めたところ、トウモロコシの収穫が三割くらい、大豆が一～二割ほど減少するという結果を得ています。地球の裏側での核戦争を「対岸の火事」として見過ごすわけにはいかないということです。この戦争による影響は、当然、中国の米生産にもおよびます。当初の四年間は二割、その後の六年間は一割の減。寒冷化は二五年以上つづき、五年間は作物の生育期間が一か月短くなるとのことです。こうして、「核の飢餓」がおきるのだそうです。

### 軍事力の保持

このような直接の戦争だけではありません。旧ソ連軍による原子力潜水艦や核爆弾の杜撰《ずさん》な管理と廃棄がおこした放射能汚染をはじめとする、莫大な環境汚染と資源消費にみられるように、戦争の準備体制が環境を破壊し気候を変えるおそれがあります。現在のような過剰な軍事力の保持は、明白にジオエンジニアリングの周辺といえます。

以下、一般にジオエンジニアリングと認識されていないものの、気候改変をもたらす可能性がある人間活動を二つ取り上げます。一つは遺伝子工学。もう一つはマクロエンジニアリングです。

## 8・1　遺伝子工学

本書では、遺伝子工学を利用したジオエンジニアリングとして、次のものを紹介しました。

①「収穫は減らさずに反射率が高い作物をつくる」クール・ルーフ案

②「木を白くして森の反射率を高める」クール・ルーフ案
③「突然変異を利用して産業環境でつかえる捕集剤を開発する」捕集案
④「乾燥や塩害に強い植物をつくりだし作物が育たなかった土地で栽培する」捕集強化案
⑤「無肥料・無農薬でも元気よく育つ植物をつくる」捕集強化案
⑥「大気中の二酸化炭素を捕集して石灰岩にする樹木の働きを強化する」貯留案
⑦「有機物を分解しにくいものに変え泥炭の分解を遅らせる」貯留案
⑧「難分解性の有機物をつくるバクテリアを海にばらまく」貯留案
⑨「大気からメタンをこしとり分解するトウモロコシをつくる」提案
⑩「メタンの発生量が少ないうえにデンプンを多くふくむ米をつくる稲を育てる」提案

ほかにも、5・2・4項で記した「大繁殖して海を明るくする円石藻」のような性質をもつプランクトンをつくりだすことも、アイデアとしては可能でしょう。

これらは、③の人工酵素づくり案以外はどれも、気候変動対策としてのジオエンジニアリングであるとともに、遺伝子工学によって新しい性質をもつ生物をつくり野外に放つ案です。なかには、思いつきの段階をでないものもあります。しかし、これらを実行するとしたら、その前に、どのような副次効果があるかを可能な限り調べつくしておかなくてはなりません。

キツネ狩りの対象として、一八五五年にオーストラリアに移入されたアカギツネが在来種を絶滅の危機に追いやった例をはじめとして、外来種がもたらす生態系の崩壊は広く知られています。過去を振り返れば、小さな生物の体におきたミクロな変化が、地球全体におよぶ影響をもたらしたことがあるのです。

## 温暖化に強い稲をつくる

わずかな遺伝子の変化が生き物そのものを変え、環境も変えてきたのが、生物の進化です。なかでも最大の出来事は、太陽の光を利用して水と二酸化炭素から有機物と酸素をつくる光合成の能力を、生き物が手にしたことです。これによって、地球表面の様子はまったく変わりました。

この光合成に、$C_4$とよばれる変種があります。これは、普通の光合成経路に二酸化炭素を濃縮する働きが加わったものです。このタイプの光合成をする植物は$C_4$植物とよばれ、トウモロコシとサトウキビが代表的な作物です。雑穀とよばれるアワ、キビ、ヒエも$C_4$植物です。

$C_4$植物は、高温、乾燥、強い日光といった条件、あるいは窒素分の少ない畑地などでは、ほかの植物よりも有利に生育します。

この高温や乾燥といった悪条件は、これからの食料生産で覚悟しなければならない条件です。そこで、作物に$C_4$の働きを付与する遺伝子操作の研究がすでになされています。たとえば、この性質を稲に持たせる研究が、フィリピンにある国際稲研究所で、二〇〇九年からビル&メリンダ・ゲイツ財団の支援を得て進められているのです。

## 植物自身も適応し進化する

私たち人類がサルと共通の祖先から分かれた頃、今からおよそ七〇〇万年前に、$C_4$植物は生息域を著しく拡大しました。その理由は、大気中二酸化炭素濃度が減少したためとも乾燥化が進んだためともいわれ、定まっていません。

実は、$C_4$タイプの光合成には複数の遺伝子が必要です。植物は、その遺伝子群を、$C_4$植物が増加する遥か以前の一億二五〇〇万年前、双子葉植物と単子葉植物が分化したときに、すでに持っていました。あとは、これらの遺伝子群が互いに連携しあう仕組みが整えば$C_4$植物になるのです。そしてそれは、別々の系統で独立に、これまでに何回もおきたといわれています。

ですから、人間による遺伝子組み換えによるか、自然の仕組みによるか、それはどちらにせよ、これまで通常の光合成をしていた植物が、高温や乾燥という環境変化がきっかけで$C_4$植物に進化し、今後、地表に広がることも考えられるのです。そうなれば、身近な草木の様子ばかりか、環境を変え、物質循環も大きく変わることでしょう。

## 生き物がもたらす寒冷化

遺伝子の集団が連携し、時間と空間の両方で整然と組織された反応がおきているのが生き物です。特定の生物が繁殖して環境を変えることも、遺伝子の変化が引きおこしています。

その例に、新生代の寒冷化があります。新生代の五五〇〇万年前から五〇〇〇万年ほどの間は、温暖な気候がつづいていました。それが、四九〇〇万年前からの二〇〇万年ほどの間に気温が急速に低下したのです。この寒冷化の要因として疑われているのが、一つの説ではアカウキクサ、別の説ではアリ。たった一種類の生物です。

特定の遺伝子集団が気候を変えたという点ではどちらの説でもよいので、ここではアカウキクサの説を紹介しましょう。

## アゾラ仮説

アカウキクサが北極海で爆発的に増殖したために北極に氷ができ寒冷化が始まったという説は、アカウキクサの学名をつかって「アゾラ仮説」とよばれています。

温暖な気候のもと、氷でおおわれていない北極海は塩分濃度が高く、そこに流入する河川の淡水が海水と混ざらず上にかぶさった状態だったと考えられています。そこに、淡水で暮らすアカウキクサが侵入して大繁殖し、八〇万年もの間、北極海盆の八割をおおったのです。その結果、当初数千ppmあった大気中の二酸化炭素は五分の一にまで低下し、海表面温度は一三℃から零下九℃に低下しました。両極が氷でおおわれた寒冷な時代の始まりです。

今は淡水でおおわれていない北極海盆の堆積物からアカウキクサの化石が発見されるのは、それが大繁栄していた名残とされています。また、淡水層がなくなって死滅したアカウキクサは、大量の炭素を固定したまま海中深くに眠っていると予想されており、北極海の海氷が消滅しつつある現在、それを目当てに開発を目論む人々がいるのです。

これは、一種類の生物が環境に恵まれて大繁殖した結果、温暖だった気候が寒冷な別の安定状態に移行してしまった過去の例になります。

次に紹介するのは、遺伝子工学によってつくられた生物が、実際に気候を変えかねなかった例です。

### 霜害バクテリアの旅

一九八七年、カリフォルニアのイチゴ畑に、遺伝子組み換えされたバクテリアが散布されました。世界最初の野外散布です。

散布されたバクテリアの名はシュードモナス。普通のシュードモナスは、「氷核活性タンパク質」をつくって植物の上皮を凍結で傷つけ、植物組織から栄養を得ています。このシュードモナスによる霜の害は、アメリカだけで年間一〇億ドルになります。そこで、氷核をつくる能力をシュードモナスから遺伝子組み換えで取り去って散布したのです。

当時、社会の関心は、遺伝子組み換え生物を野外で使用することの是非にありました。そのため、霜害防止に有望な結果が得られたものの、その商品化は見送られ、今でも実現していません。

実は、この氷核活性タンパク質は、作物の上皮を霜で傷つけて栄養を奪うだけでなく、大気中で雲をつくる凝結核としても働きます。氷核活性タンパク質は、塵や煤、エアロゾルなど雲凝結核の形成に働くもののうちで最強なのです。一九八八年のカルガリー・オリンピックでは、このタンパク質が降雪剤として使用され、ゲレンデに雪を降らせたといわれています。

シュードモナスは、こうしてできた雲からの雨(これを「生物起因性降水」とよんでいます)に

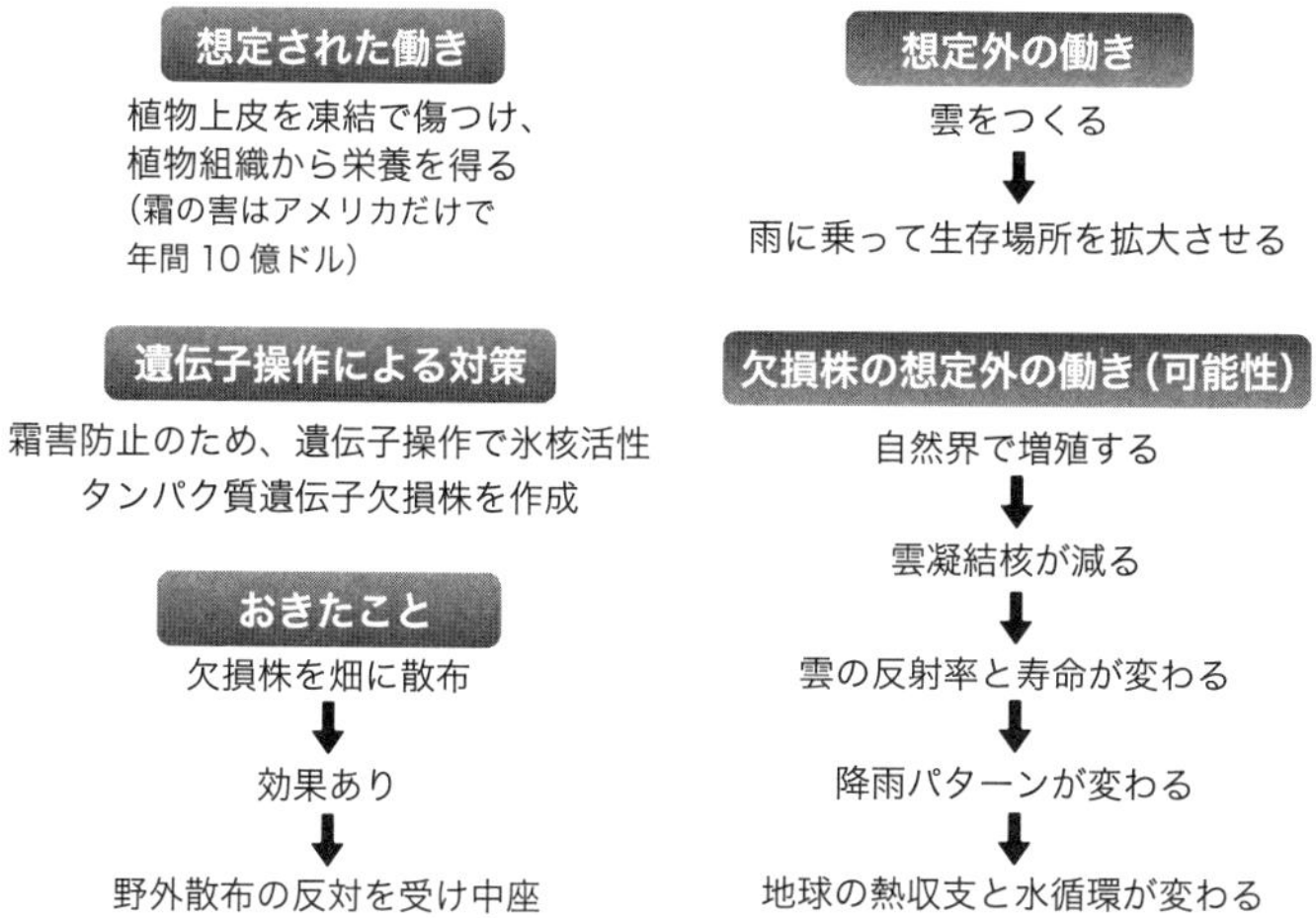
想定された働き
植物上皮を凍結で傷つけ、
植物組織から栄養を得る
（霜の害はアメリカだけで
年間10億ドル）
遺伝子操作による対策
霜害防止のため、遺伝子操作で氷核活性
タンパク質遺伝子欠損株を作成
おきたこと
欠損株を畑に散布
効果あり
野外散布の反対を受け中座
想定外の働き
雲をつくる
雨に乗って生存場所を拡大させる
欠損株の想定外の働き（可能性）
自然界で増殖する
雲凝結核が減る
雲の反射率と寿命が変わる
降雨パターンが変わる
地球の熱収支と水循環が変わる

図8－1　シュードモナスの働きと人間の視野

運ばれて生存場所を拡大させていると考えられています。そうだとすると、イチゴの霜害を防止する目的で畑にまかれた遺伝子組み換え生物が自然界で増殖すれば、雲粒の大きさが変わり、雲の反射率と寿命が変わって、気候を変えることもおこり得たのです（図8－1）。

今後、多種多様な遺伝子組み換え生物が野外で増殖すれば、その中には、地球の気候システムを変えてしまうものだってある可能性を示す一例です。

## 大学生がつくる地獄細胞

生物の仕組みを模倣したり操作したりする方法は、シュードモナスを畑に散布したころからみると断然変わりました。今では、生物の働きを、まるで機械部品のように人間が操作できる単純な「共通部品」に分け、それを目的に応じて組み立てて、特定の働きを持つ生物をつくろうとしています。この方法が有力かつ簡便であるため、できた生物の働きを競う大学生のコンペさえあるのです。

「アイジェム」という言葉をお聞きになったことがあるでしょうか。アイジェムは、「国際遺伝子工学機械（ここで「機械」とは、人工合成された生物のことです）」の英語名称の頭文字を日本語読みしたものです。組織名であるとともに、この組織が主催する大学生主体の合成生物学の国際大会のよび名でもあります。

この大会の存在は、「部品をつけ足して、これまでにない新たな性質を持った細胞をつくることが、専門家の入り口にいる大学生にできる」ことを示しています。大会は二〇〇四年に始まり、年々盛んになって今では二〇〇あまりのチームが参加しています。世界中の大学生と院生が、細胞を操作して新しい機能を持たせようと互いに競いあっています。

なかには、「地獄細胞」と名づけられた、火星の極限環境でも生き延びる微生物をつくりだそうというのもあります。地獄細胞は、厳しい寒さ、乾燥、放射能に耐えられる性質を遺伝子操作でアドオンされます。灼熱の金星大気に浮かぶ酸性の雲の中で生きぬける生命機械も研究しています。

条件が整っている限り、生物はどんどん増殖します。こうしてつくられる生き物の中に、製作者の意図とは無関係に、環境中で増殖し気候システムを変えてしまうものがあらわれる可能性がありますす。ビクター・フランケンシュタインの子供たちです。

## バイオ・ジオエンジニアリング

「遺伝子組み換え」は、今では生命に対する工学的作業の内容を正しくあらわしていません。新たな働きを持った生物を合成することは、遺伝子組み換え以外の手段でもできます。たとえば、ハワイ大学で成果をあげているという「遺伝子が働くスイッチを入れたり切ったりする仕組みを利用して、海水温の上昇に伴うサンゴの白化を防止する研究」は、遺伝子組み換えではありません。

また、イギリスのノッティンガム大学で売りこんでいる「どんな主要作物にでも取りついて働く窒素固定菌」も、遺伝子工学をつかっていない生物です。サトウキビから見つけた天然の株です。人間活動に由来する窒素循環の量は、すでにティッピングポイントを越えてしまったといわれる数々の地球限界の中でも、とくに大幅に限界を越えているとされています（☞豆事典「ティッピングポイント」）。ですから、窒素の問題を何とかしなければならないのは確かです。だからといって、主要作物をこの細菌に感染させても問題はないのでしょうか。

「天然」を売りものにしているのですから、無闇な増殖を防ぐ因子を遺伝子工学で埋めこむことはできないでしょう。かえって危険かもしれません。この窒素固定菌が主要作物にとりつけば、私たち人間の都合で栽培される生物による窒素循環量が増加します。アラビアの石油が日本で煙になるのと同様、これまでの自然界ではおこり得なかった人類圏の法則による循環が増え、ティッピングポイント越えがいっそうひどくなるだけのようにも思えます（☞豆事典「圏」）。

合成生物学が急速に進展している今、私たちが直面しているさまざまな地球規模の環境問題をバイオで解決する「バイオ・ジオエンジニアリング」が、すでに一つの領域となりつつあるようです。

## 8・2　マクロエンジニアリング

一九世紀SFの巨人、ジュール・ヴェルヌの作品にジオエンジニアリングをあつかったものがあります（図8－2）。『地軸変更計画』という題で、北緯八四度以北の地が未踏の世界だった一八九〇年代、そこに埋もれていると信じられていた資源を得るために、地軸の傾きを変えて北極を氷から解放しようというドタバタ騒ぎを描いています。地軸変更に要する緻密な計算や必要な資材の調達などは、太陽の寿命が尽きる将来におこるかもしれない地球の公転軌道変更騒ぎを髣髴《ほうふつ》とさせるものです。

ここまで大胆な提案ですと、あまりに現実離れしているため、今ではアナクロ・エンタメになってしまうでしょう。それでも、ヴェルヌ以来、SF作品の中には、このような大規模地球改造をあつかったものが数多くあります。

それに触発されたのか否かは定かではありませんが、実際に大規模な土木工事を地球システムに対して働きかけて、人間が直面している問題を解決しようという提案が、過去になされています。

ここではそれを「マクロエンジニアリング」とよんで、いくつかの例をあげてジオエンジニアリングとのかかわりに触れましょう。

## 北極の右往左往

ベーリング海峡にダムをつくり、北極の海氷融解を阻止しようという提案があります。これはまさにマクロエンジニアリングであり、気候変動への対策であるジオエンジニアリングでもあります。最狭部八六キロメートル、最大深度五〇メートルの海峡にダムを建設して、温かく塩分濃度が高い海水が北極海に流入しないようにすれば、海水が凍りやすくなって氷が増えます。その結果、反射率が高くなって北極域全体が冷却されます。こうなると、永久凍土の融解も阻止できるというのです。

これは北極海の海氷融解が深刻になった二〇〇八年に提案されました。それ以前、温暖化が問題とされていなかったときには、『地軸変更計画』と同じく海氷を融かそうという真逆の提案が数多くありました。たとえば、一八七七年にはベーリング海峡を広げて黒潮を北上させ北極海氷を融かす案。そして一九一二年には、メキシコ湾流が冷たいラブラドル海流と混ざらずに北上するように、ニューファンドランド島から三〇〇キロメートルあまりの突堤をつくるという案がだされています。これは、その年の四月にラブラドル海で沈没したタイタニック号の事故に触発され、航路に氷山が流れださないようにと

図8－2　19世紀のジオエンジニア
ジュール・ヴェルヌの小説 *Sans dessus dessous*（1889）の表紙絵です。地軸の向きを変えようと地球儀を取り囲んでいます。日本語訳が、『地軸変更計画』の題で東京創元社から出ています。

の配慮もあわせたものでした。さらに、一九四五年には、ユネスコの初代事務局長を翌年から務めるジュリアン・ハクスリーが、原子爆弾で北極海の氷を融かす提案をしたそうです。

## 海峡を閉じる

マクロエンジニアリングの一つの類型に、海峡を閉じるものがあります。ベーリング海峡ダムはその一つです。老舗はジブラルタル海峡です。ドイツの建築家セルゲルが一九二〇年に提案したのが最初だといいます。ジブラルタル海峡は、最狭部は一四キロメートルでベーリング海峡よりもずっと狭く、最大深度は九四二メートルで大分深くなります。

地中海は蒸発する水の量がとても多いです。そのため、海峡にダムをつくると海面が二〇〇メートル下がり六〇万平方キロメートルの陸地ができるとされています。これによって、一大観光都市ベネチアが海面上昇から救われ、エジプトをはじめとする地中海沿岸の国々も領土が広がることになります。逆にそうしないと、今世紀末までには、水没するナイルのデルタ地帯から数百万の人が環境難民になってしまうのだそうです。

当然ですが、これだけの海水が地中海で減れば、ほかの海の海水は増加し、海面も一メートルあまり上昇します。そこで、大西洋から地中海に流入する海水の量をダムで調整して、海面上昇分だけ帳消しにするという、少しソフトな提案もあるようです。このほうが、ベネチアにとってはよいのかもしれません。

ジブラルタル海峡の深いところを通って大西洋にでる流れは、大西洋に濃縮された塩分を供給し、メキシコ湾流がグリーンランド南方沖で沈みこむ助けをしています。海峡にダムをつくれば、この流れも止まります。美味しいとこだけつまみ食いしていて大丈夫なのでしょうか。

## 海抜下の低地利用発電

ナイル河口の西に広がるリビア砂漠にあるカタラ低地は、もっとも低いところで海面下一三〇メートルを超える、アフリカで二番目に低い内陸地です。この一万八〇〇〇平方キロメートルあまりを占める低地に、北へ八〇キロメートル離れた地中海から海水を導いて、高低差で発電をしようという計画が一九一二年に提案されています。これによる正の副次効果で周囲の気候が穏和になるとされ、ナイル川でのアスワン・ハイ・ダムの建設がすすむ一九六〇年代には、エジプト政府が関心を示していました。ところが、地中海と低地の間には海抜二〇〇メートルあまりの丘陵があり、トンネルを掘って水を通す工事があまりに困難とされ実現しなかったのです。

それが今、ふたたび注目されています。それは、サハラ砂漠を太陽熱や風力を利用した大規模発電基地にする「デザーテック計画」に関連します。

電力需要は夜も相当あるのに、太陽熱発電は夜間に発電能力が落ちてしまいます。蓄熱の工夫ができるので太陽光にくらべればマシとはいえ、どうしても限りがあります。そこで、昼間に発電で得たエネルギーを蓄えておく手段として、地中海と低地との間の丘を利用しようというのです。第二次世界大戦中、アフリカ装甲軍司令官「砂漠の狐」ロンメル上級大将が駆け巡った丘に貯水池を設け、余剰の電力で地中海の海水を揚水して貯え、電力が必要なときにカタラ低地に放水して発電

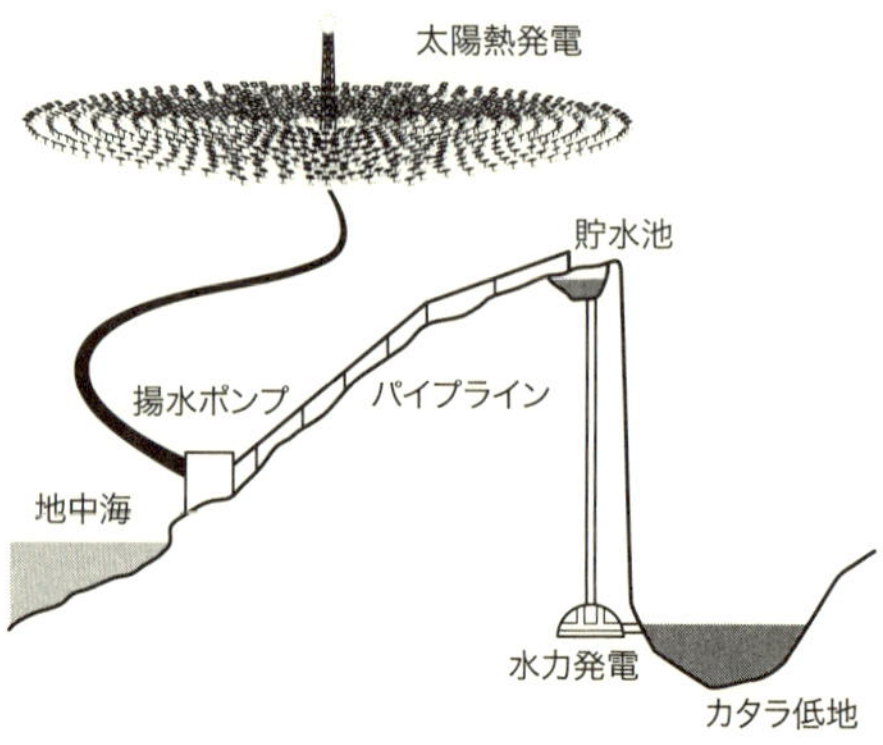


図8－3　低地を利用した蓄エネルギー案（イメージ図）

するというアイデアです（図8－3）。これであれば、トンネル工事をせずに太陽熱発電の弱点を補えるのです。

カタラ低地に定住している人はいません。その点で、この計画は実行可能かもしれません。しかし、一部にはアカシアの森があり、チーターをはじめとする多数の生き物はいます。気候への影響は、まだ調べられていないようです。

## 気象学者ラムの警告

昔も今も深刻な問題に「水」があります。それを、マクロエンジニアリングで解決しようとしたのが、一九七〇年にソビエト連邦（現在のロシア）が発表した大胆な計画です。

当時、ステップとよばれる大草原が広がる中央アジアの半乾燥地域では、人口の増加で水の不足が深刻になっていました。これを、北極海に流入するペチョラ川、オビ川、エニセイ川の流れを変えて水を供給し、豊かな農地に変えようとしたのです。これは、農業生産性を向上させようと一九四〇年代後半にスターリンが提唱した「自然改造計画」の一環でした。

翌一九七一年、イギリスの気象学者ヒューバート・ラムの論文「気候の非常事態に対処する気候工学」は、この計画に疑問を呈しました。北極海への淡水供給が減少することで塩分濃度が高くなって海氷が減少し、「年平均気温が零下一〇℃程度の北極海沿岸のシベリア地域が、〇《ゼロ》℃かそれ以上に上昇してしまう」と、ラムは指摘したのです。

これだけの変化があると、それに伴う大気の熱収支が変化し、「ソ連国内にとどまらない影響を気温と降水にもたらす」と過去の気象データをもとに論じました。そして、このようなマクロエンジニアリング案には、思いもよらない影響がある可能性を考えて、監視しながら少しずつ慎重に進めるよう提案しました。

自然の変動に紛れてしまうために、人為による影響の有無を判断すること自体が困難であると認め、科学的には確実でない粗い議論であっても、安全側に立ってとらえなければならないと主張しました。今でいう予防原則に通じる主張です。

さらに、複雑な連鎖による気象パターンの変化や気候システムの複合的作用などについて知識がない以上、気候に影響を与えるおそれがある計画は、気候システムが充分理解され予測が信頼できるようになるまで、すなわち一〇〇年程度は、実行を控えるべきだとしました。

ラムの警告に効き目があったのでしょうか、この計画は一九八六年に放棄されました。数十年周期のテレコネクション（☞5・3節）がいくつも知られている現在、ラムの慎重さは、いっそう重みを増しているように思います。

### 夢を悪夢にしない

マクロエンジニアリングの提案には、日本式宇宙発電（口絵⑬）ばかりでなく、大手ゼネコンによる「洋上都市」や「宇宙エレベーター」のように、夢多いものがあります。その一方で、「巨甚ヒートパイプ（口絵⑥）」のように、一見して大気循環に与える影響が心配になるものもあります。

アブダビ国際空港近くに建設が進むマスダール・シティ、二〇一四年末に着工したニカラグア運河、サハラ以南のアフリカで資源採取と農業振興をめざす開発回廊など、これからも思いもよらないマクロエンジニアリングが計画され実行されるでしょう。そのとき、目の前の利益だけを考えがちであるという私たちの気質を意識し、ラムの警鐘を忘れないようにしたいものです。

なお、マクロエンジニアリングには、直面する問題の解決をめざすのではなく、エンジニアリングの可能性を究めようというものもあります。その一つとされる、ほかの惑星などの改変をおこなうテラフォーミングや地球外生命圏づくりでは、環境改変技術としてのジオエンジニアリングが、マクロエンジニアリングにとって不可欠な要素技術になります。このことは翻って、ほかの惑星や宇宙ステーションが、ジオエンジニアリングの貴重な実験場になることを示しています。

# あとがき

本書の初校を前にしたとき、フランスのパリでは二〇〇近くの国・地域から四万もの人々が参加して国連気候変動枠組条約第二一回締約国会議（いわゆるＣＯＰ21）が開かれていました。日本をはじめおよそ一五〇か国の首脳が勢揃いです。

派手な表向きの賑やかさの裏に、暗澹《あんたん》たる現実があります。この条約は二〇年あまり前に採択され発効したのですが、「大気中温室効果ガス濃度を安定化させる」という目的は未だに達成されていません。達成する見通しさえたっていないのです。二〇年をダラダラと過ごし、今では誰の目にも明らかな破綻に私たちは直面しています。

再校ができたときには、ＣＯＰ21は閉幕しており、「気温上昇一・五℃未満に向けて努力し、今世紀後半に温室効果ガスの排出と吸収を均衡させる」という耳を疑う内容のパリ協定が採択されていました。

国連気候変動枠組条約が発効して以来、その目的に反して大気中の二酸化炭素を増やしつづけてきた実績からみれば、「気温上昇一・五℃未満」も「排出ゼロ」も白昼夢に違いありません。「排出と吸収を均衡させる」には吸収すなわち捕集が前面にでてくるしかないでしょう。ネッツ、BECCSの出番です。そしてその先にみえるのは、自分自身を欺きつづけた果てに自暴自棄になって実行される「最悪の」ジオエンジニアリングです。

## 失われた五〇年

わずか半世紀前であれば、もっと別の道が開けていたのです。

当時、人間活動が地球システムの限界を越えて拡大していると盛んに警告されていました。その一部は本書の豆事典「人類圏誕生の自覚」で触れたとおりです。

当時の大気中二酸化炭素濃度は三二〇ｐｐｍ、それが今では四〇〇ｐｐｍを超えています。爆発していると盛んに議論された人口は三三億、今では七三億。エネルギー消費も粗鋼生産量も今の三分の一にもなりません。

地球システムに適合した人類圏をつくる作業は、今よりも桁違いに容易だったに違いありません。もちろん、失った五〇年を悔いてもはじまりません。でも、もう一回同じ愚挙を繰り返すことができないことだけは肝に銘じなければなりません。このままでいけば、今から五〇年どころか、たったの二〇年で大気の二酸化炭素ゴミ箱は満杯になってしまうのです。

本書で紹介した「とんでもないジオエンジニアリング案」は反面教師です。このような提案が真面目に議論されているほどに現在の暮らしが深刻な曲がり角にあることを認めて、私たちがこの状況を打破する努力を始めるきっかけになればと願っています。

## ジオエンジニアリングの分類

地球を積極的に冷やそうという提案は、当初、地表気温を決めている二つの因子（太陽光と温室効果ガス）のいずれかを操作しようというものでした。そのため、ジオエンジニアリング技術は二つに類別されました。太陽光を抑制する提案は「太陽放射管理」、温室効果ガスを減らす提案は「二酸化炭素除去」とグループ分けされたのです。

ところがその後、提案が増えるにつれ、どちらとも分類しにくいものがでてきました。その中には、「突拍子もない」どころか、技術としての可能性を否定できない提案もあるのです。

たとえば、「冷たい海水を汲み上げて地表を冷やす」（水塊交替）という温暖化対策案です。これは「太陽放射管理」にも「二酸化炭素除去」にもあてはまりません。でもすでにタヒチやハワイで小規模ながら実行されています。二〇一八年に韓国の平昌《ピョンチャン》で開催予定の第二三回冬季オリンピックでも、スケートリンクの作製と会場の空調への利用が提案されているのです。

さらに太陽放射管理の場合では、効果が地球システム全体におよぶものもあれば、北極海の海氷融解阻止をピンポイントで狙うものまでさまざまになり、一つのグループにまとめるには無理が感じられるようになりました。

二酸化炭素除去グループもそうです。そもそも二酸化炭素だけが温室効果ガスではありません。ですから、この名称には最初から無理があったのです。温室効果ガスによる温暖化を防ぐには、大気から除去したあとで安全に隔離し貯留するという手順も必要なのですが、それも伝わりません。

## 本書での分類

そこで本書では、太陽放射管理技術のうちで効果が地球全体にかかわるものを「全球工学」と名づけ、直接的な効果が地球全体にはおよばないものを「気候制御」として二分することにしました。便宜上、工学的操作が加えられる場所の高度が成層圏以上であるものを全球工学とし、対流圏以下であるものを気候制御とします。そして気候制御には、太陽放射には直接関わらない、場所や時間による温度差などを利用するものもふくめました。

また、温室効果ガスの削減を対象とする「二酸化炭素除去」は、具体的な操作を示す「捕集貯留」とし、さらに二酸化炭素以外の温室効果ガスもふくめることとしました。

それから、温暖化防止をめざしてはいないけれども、結果として環境を大規模に変えてしまうかもしれない工学技術を、「ジオエンジニアリングの周辺領域」としました。周辺領域の例には、事故、戦争と戦争準備、遺伝子工学、それにマクロエンジニアリングがあります。

この分類法は一つの案です。欠点がないとは思っていません。何よりも、ジオエンジニアリングという言葉自体がさまざまにつかわれ一定していないのです。「ジオエンジニアリング」という言葉に代わるものとして、「気候工学」、「惑星工学」、「気候介入」といった名称が同義語として使われたり微妙に異なるニュアンスでつかい分けられたりしています。

「ジオエンジニアリング」という概念の整理はこれからです。今は過渡期といえます。いずれ共通の理解が生まれることでしょう。本書をお読みくださる際には、この事情をご理解いただけますことを切に願う次第です。

## 記述の根拠の参照

私はジオエンジニアリングに関する情報を収集し議論するインターネット上の「ジオエンジニアリング・ネット・フォーラム（http://geoeng.brs.nihon-u.ac.jp/）」というサイトの世話人をつとめております。そこには、ジオエンジニアリングに関する研究報告やニュース記事などへのリンクが張ってあるページがあります。

個別の技術や報告などについての典拠を本書では示していませんが、そのほとんどはフォーラムに掲載されています。文中の語を手がかりに検索していただけると幸いです。また、読者のみなさまが関心をお持ちになった事柄があれば、その関心を発展させ深める一助として、インターネットを利用されることをお薦めします。本書を執筆するにあたって、その際に役立つようにと文表記を心がけました。

## 謝辞

本書は、ジオエンジニアリング・ネット・フォーラムでの世話人役を通して、これまでに私が考えてきたことが基盤になっています。インターネットの開かれた空間に広がるさまざまな情報を私なりにまとめたものであり、今だからこそ実現したことといえます。口絵に取り上げた画像の多くが、そのほんの一例です。

それらの素材を提供してくださった方々、また、このようなシステムの構築と改善にかかわったおびただしい数になるであろう方々に感謝の意を表します。

気候を人工的に操作しようという企ては、その実現にかかわる個別技術の側面から、それがもたらし得る社会的な影響にいたるまで、とても広範な分野にわたっています。膨大な情報の中から何を抽出し、どう形あるものにするかは、私個人の手には余るものでした。そのため、私が信頼しております次の方々に、原稿に目を通していただき貴重な助言と厳しくも温かい叱咤を得ました。

東京大学の山本良一名誉教授、北海道大学の南川雅男名誉教授、総合マネジメントシステム研究所の中村孝一所長、それに私の職場での同僚でもある根本洋明教授と丸山温《ゆたか》教授です。また、ここにお名前をあげることは叶いませんが、私が尊敬する何人かの方に本書の下書きを見ていただき貴重なご意見をいただいております。ここに心より感謝申し上げます。

一方、どんなに有益なものであっても駑馬《どば》には空しいだけということも、悲しいながら真実です。賢哲の豊かなアドバイスを賜りながら、なお私の思い込みや調査・理解の不足などによる誤りがないとは決して申せません。その原因は偏《ひとえ》に私の非力と努力不足によるものです。読者のみなさまで、お気づきのことがありましたら、是非、お教えくださいますようお願い申し上げます。

私の勤務先である日本大学生物資源科学部の教職員のみなさまは、本書の執筆を可能とする時間と心の余裕を私に与えてくださいました。誠にありがたいことと感じております。また、執筆が思うように進まない中、粘り強く励ましてくださり、我が儘《まま》な要望にも配慮くださった化学同人編集部の津留貴彰さんに心から感謝申し上げます。最後に私事で恐縮ですが、私の最愛の妻である厚子が常に本書執筆の支えであったことに深く感謝の意を表します。

二〇一五年一二月

小谷　広

# DOJIN選書・好評既刊

## 情報を生み出す触覚の知性
――情報社会をいきるための感覚のリテラシー

渡邊淳司

情報と自分との関係を適切に判断するには、身体的な体験を通した理解が重要である。触覚と情報を結ぶ力を「触知性」と名づけ、情報への感受性のあり方を考える。

## つくられる偽りの記憶
――あなたの思い出は本物か？

越智啓太

前世の記憶、生まれた瞬間の記憶、エイリアン・アブダクションの記憶といった、信じがたい記憶現象の背後にある心理的なメカニズムとは。最新の知見から読み解く。

## 絶対音感神話
――科学で解き明かすほんとうの姿

宮崎謙一

絶対音感は音楽的に優れた能力なのか。巷にあふれるさまざまな神話のほんとうの姿を、絶対音感研究の第一人者が、データに基づきながら解き明かす。

## 料理と科学のおいしい出会い
――分子調理が食の常識を変える

石川伸一

おいしい料理に必要なのは料理人のウデだけじゃない！　科学の目で料理を見つめて、調理の「地頭力」を鍛えよう。分子調理のおいしい世界をご堪能あれ。

## 和算の再発見
――東洋で生まれたもう一つの数学

城地　茂

鶴亀算、三平方の定理、高次方程式の解法、円周率の計算、ソロバン、魔方陣の作成方法……西洋数学伝来以前に栄えた数学が育んだ知恵とは。数奇な歴史をひもとく。

## DOJIN選書・好評既刊

### 地球温暖化の予測は「正しい」か？
——不確かな未来に科学が挑む

江守正多

地球温暖化とは何か。地球温暖化予測の主役といえる気候モデルはどうつくられているか。その予測は「正しい」のか。研究の最前線から届く真摯な言葉。

### 地球の変動はどこまで宇宙で解明できるか
——太陽活動から読み解く地球の過去・現在・未来

宮原ひろ子

屋久杉や南極の氷は、太陽活動や宇宙環境のどんな姿を教えてくれるのか。地球46億年の変動を「宇宙気候学」で読み解き、地球理解の新しい視点を提供する。

### 地球環境46億年の大変動史

田近英一

46億年の歴史の中で、環境の大きな変動を繰り返しつつも、たくさんの生命を育んできた地球。その激動の歴史から地球の現在、そして未来を考える。

### エネルギー問題の誤解 いまそれをとく
——エネルギーリテラシーを高めるために

小西哲之

石油、天然ガス、原子力、風力など、エネルギーがつくられ、消費され、廃棄されるまでを総合的に分析・評価して、これからのエネルギーのあるべき姿を考える。

### 森の「恵み」は幻想か
——科学者が考える森と人の関係

蔵治光一郎

森は人にとってどんな存在か。洪水緩和、水資源かん養、環境サービスに果たす役割、木材生産、森の管理の理想的なかたちを科学的な知見に基いて考察する。

水谷　広（みずたに・ひろし）

1949年、東京都生まれ。71年、東京大学教養学部基礎科学科卒業（教養学士）。73年、東京大学大学院理学系研究科相関理化学修士専門課程修了（理学修士）。78年、米国州立メリーランド大学大学院農学生命科学系研究科化学部博士専門課程修了（Ph. D.）。三菱化成生命科学研究所主任研究員、石巻専修大学理工学部教授を経て、98年より日本大学生物資源科学部教授。

最近の関心は、地球システムの進化における知的生命体の発展という観点からみた、ジオエンジニアリングの地球史的意味の考察。

おもな著書に、『地球とうまくつきあう話』（共立出版）、『人間と自然の事典』（共著、化学同人）、『地球の限界』（編著、日科技連出版社）、『チャレンジ化学』（三共出版）、『宇宙船地球号のグランドデザイン』（共著、生産性出版）がある。

DOJIN 選書　069

気候《きこう》を人工的《じんこうてき》に操作《そうさ》する

地球温暖化《ちきゅうおんだんか》に挑《いど》むジオエンジニアリング

第1版　第1刷　2016年1月25日

検印廃止

著　　者　水谷　広
発 行 者　曽根良介
発 行 所　株式会社化学同人
600 - 8074　京都市下京区仏光寺通柳馬場西入ル
編集部　TEL：075-352-3711　FAX：075-352-0371
営業部　TEL：075-352-3373　FAX：075-351-8301
振替　01010-7-5702
http://www.kagakudojin.co.jp　webmaster@kagakudojin.co.jp
装　　幀　BAUMDORF・木村由久
印刷・製本　創栄図書印刷株式会社


ISBN978-4-7598-1669-3

# 豆事典

## ◆エアロゾル

タバコの煙のように大気中に浮遊している固体あるいは液体の微粒子を総称して、エアロゾルとよんでいます。粒子の大きさは、直径が 1 mm 程度という大きなものから 10 万分の 1 mm といった微小なものまでさまざまです。

その存在は、当初、ヨーロッパでの大気汚染に関連して知られるようになりました。

エアロゾル粒子は、大気中で酸素と反応して性質が変わるものも多く、呼吸や消化を通して人体に入りこみ、呼吸機能障害をはじめとするさまざまな問題をおこします。そのため、大気中で変化する様子の研究が重要な課題となっています。また、クリーンルーム内での製品製造が産業分野で盛んになっていることから、エアロゾルを測定しコントロールする技術も発展しています。

このエアロゾルが、雲の生成や太陽光の反射に深く関連しているのです。

実は、エアロゾルには、化石燃料の消費など人間活動起源のものばかりでなく、自然に由来するものが数多くあります。土埃、花粉、胞子、それに植物がだす揮発性有機物、さらには微生物、海塩粒子や火山ガス、森林火災による煤などが自然由来の例です。一方、人間活動起源の代表には、工場や自動車などから排出される廃棄ガス、それに燃料が燃焼するときに発生する多環芳香族炭化水素などの大気汚染物質があげられるでしょう。自動車の排気ガスや石炭の燃焼ガスなどにふくまれる PM2.5 もエアロゾルの一種です。

エアロゾルの大部分は上空二キロメートルまでの対流圏下部に存在します。ただ、火山の噴煙の一部は硫酸エアロゾルとなって成層圏にも存在しています（☞豆事典「大気の構造」）。

エアロゾルが大気中で果たす温暖化にかかわる働きには、直接と間接の二種類があります。

直接の働きは、エアロゾルそのものが太陽光を反射することと雲の生成にかかわることです。一方、間接の働きは、エアロゾルが多く存在すると雲の雲粒サイズが小さくなり、そのために雲が光を反射する割合が高まり寿命も長くなる結果、反射される光の量が増加することです。

総合的には、太陽光を遮る日傘のように地表面の気温を低下させる働きがあるといわれているエアロゾルですが、エアロゾル個別にみると、種類や条件によってその働きはさまざまです。たとえば、成層圏にある硫酸エアロゾル層は温暖化をおさえる働きがあるのです。ところが、炭が燃えて発生する煤のエアロゾルは、

対流圏で大気を温める一方、これが成層圏にまで達すると、成層圏を温める結果、逆に地表を冷やしてしまいます。

### ◆海洋大循環

日本の太平洋岸には、南から暖流の黒潮、北から寒流の親潮が流れています。

海流には、全体として赤道から極地域へ熱を運ぶ働きがあります。短い周期で流れが変化する潮汐とは異なって、海流は北半球では時計回り、南半球では反時計回りの決まった流れです。これは、東から吹く貿易風と西風の偏西風、それに地球の自転が組み合わさって海流の流れを決めているからです。

この「表層海流」とよばれる流れの中でもとくに、北太平洋の西を北に向かって流れる黒潮は流量が多く流速も速いために、北大西洋の西を北に向かって流れるメキシコ湾流とともに世界の二大海流とよばれています。

表層海流の厚さは場所によって大きく変わります。南極大陸を囲む海流である南極環流では厚さが3 km にもなりますが、ほとんどの海流は数百 m 程度です。

一方、海底を流れる海流もあります。「深層海流」とよんでいます。

海の表面は日光と大気とで温められているのに対し、深海では温められることがなく海水は冷たいです。そのため、温かくて軽い表面海水と冷たくて重い深海の海水が混ざることはなかなかありません。それが、世界のたった2か所だけ表面の海水が深海に沈むところがあります。一つが、メキシコ湾流の北端であるグリーンランドの南西、客船タイタニックが沈没したラブラドル海とその周辺です。もう一つは、南極半島の東です。大西洋の北端と南端で、特別な条件が重なって塩分濃度が高く冷たくなった海水が海底に沈んでいきます。

沈んだ海水は1000年あまりをかけてゆっくりと海底を移動します。これが深層海流です。深層海流は、海底火山やハワイ諸島などの海洋島のように海底から突き出した地形にぶつかると上昇し、表面まで上がってきます。この深海から表層への湧き上がりを「湧昇」とよんでいます。

湧昇は、地球の自転の働きでもおこります。北米大陸の西岸を南下するカリフォルニア海流には、自転のために西向きの力がかかり大陸から離れ気味になります。そこで、それを補うために下から海水が上がってくるのです。こうして起こる湧昇を沿岸湧昇とよんでいます。

湧昇がみられる海域は全体のわずか1000分の1ほどです。そこでは、二酸化炭素と栄養塩類が豊富な海水が深海から上がってくるため、大量の植物プランクトンが発生します。そして、豊かな生態系がつくられ、よい漁場になるのです。

アメリカ・カリフォルニア州太平洋岸のモントレー湾は、沖合にある海底渓谷を深層水が這い上がる世界有数の湧昇域です。ここでは、藻類で最大のオオウキモ（通称：ジャイアントケルプ）が群生し、「ケルプの森」とよばれる生物多様性

に富んだ藻場をつくっています。海流に流されないようにオオウキモを体に巻きつけて眠るラッコは人気者です。

海底を流れる深層海流と海表面を流れる表層海流の二つの海流があわさって、海洋大循環がつくられているのです。

### ◆火山噴火と生物の歴史

火山の噴火には誰でも圧倒されます。鳴り響く轟音、吹き飛ぶ岩石、地を這《は》う溶岩、湧き立つ熱。実は、火山はこういった見かけを遥かに越えた大きな影響を地球システムにもたらすのです。その仕掛け人は火口から空高く舞い上がる火山ガスです。

口絵④は、宮沢賢治の童話『グスコーブドリの伝記』(くもん出版) の表紙絵です。この童話には、火山ガスによる温室効果で冷害を防止しようという賢治のアイデアが盛りこまれています。

火山ガスの主成分は水蒸気と二酸化炭素であり、ほかに二酸化硫黄や少量の硫化水素、塩化水素などがふくまれています。このうち、主成分である水蒸気と二酸化炭素はどちらも温室効果ガスです。そこで、人工的に噴火をおこせば、「やませ」による冷害から賢治の故郷東北を救えるというのです。

ところが現在は、「火山の噴火は地球を冷やす」という考えが一般的です (☞4・2・2項)。残念ながら、賢治は間違っていたことになります。

しかし、そうでもないのかもしれません。「冷却効果は長つづきせず、長期的には温室効果のほうが大きい」という考えがあるのです。事実、過去の生物大量絶滅の原因として提案されているものには、「火山による温暖化」という考えがいくつもあります。

たとえば2億年前。三畳紀の終わりに生物種の7割以上が絶滅したといわれる大絶滅があります。その原因として、これまで「隕石衝突」と「火山活動活発化」とが考えられていました。これが最近になって火山説が有力になっています。火山の噴火で温室効果ガスであるメタンが12兆トン以上も放出された証拠が見つかったのです。

火山説では次のように考えます。すなわち、最初は成層圏エアロゾルによって数年スケールで地球が寒冷化するものの、次いで火山ガス中の二酸化炭素による1000年スケールの温暖化と海洋酸性化がおこり、それに前後してメタンの大量放出もおきていっそう温暖化が進み、ついには陸でも海でも酸素が欠乏し、大絶滅につながったというのです。

同じようなことが、およそ4億9000万年前の古生代カンブリア紀末期におきた大量絶滅でも、およそ2億5000万年前、超大陸パンゲアが出現した古生代ペルム期末におきた地球史上最大といわれる大絶滅でもいわれています。

一方、6600 万年前に恐竜が絶滅した原因は、火山噴火ではなく隕石です。当時、メキシコのユカタン半島付近に、直径およそ 10 km の隕石が落ちてきたからです。ところが、この広く知られた恐竜絶滅の話にも、実は火山が一枚かんでいたのです。

隕石が落ちてくる前から活動していた火山が落下によって活発化し、以前に倍する活動がおきたために恐竜が絶滅したという説です。

大規模な火山活動の証拠はインドのデカン高原にあるデカントラップです。デカントラップは、地表に噴き出した洪水玄武岩とよばれる何枚もの層からなる面積 50 万 $km^2$、体積 51 万 $km^3$ の玄武岩の巨大な塊です。今から 6800 万年前から 6000 万年前の間に何回かの噴火によって形成され、かつては現在の 3 倍の面積を占めていたと推定されています。これで、中生代が終わったのです。

顕微鏡をつかわなければみることができない微小な生き物しかいなかった遥か昔、今から 23 億年前と 6 億年前の 2 度にわたって、地球全体が凍結していたというスノーボールアース説があります。このとき、地球が凍結から抜けだした理由も火山です。地表をおおう氷のために火山ガス中の二酸化炭素が海に吸収されずに大気に蓄積し、その温室効果で凍結状態から脱出したというのです。

地球に限らず、惑星の安定な環境は一つとは限りません。凍結したスノーボール状態と温暖な状態とがシーソーのように交互に入れ替わるのは普通のことと考えられています。そのため、生命を宿す星を地球外に探すとき、全球凍結状態と温暖な気候とを星が行き来することも勘定に入れているのだそうです。

## ◆圏

「圏」とは、「周囲を時間と空間で限った特定の範囲」のことです。地球システムは、この「圏」の集まりとみることができます。

地球儀をみてみましょう。陸地と海が描かれています。地球をつくるものにはほかに空気があります。これら地球を構成する陸、海、空は、それぞれでまとまっていながら互いに影響しあっています。こういったそれぞれのまとまりが圏です。陸地は海の下にある地殻もふくめて地圏。海は水圏。そして空気は大気圏となります。

大事な圏があと二つあります。生物圏と人類圏です。

生物圏は生物と生物に影響し影響される土や水、空気などをあわせたものです。

人類圏は、私たち人間に加えて人間の働きと影響しあっている土や水、空気などをあわせたものです。資源が埋もれている地下、人工衛星が飛ぶ宇宙など一部の例外を除いて、空間的には生物圏とほぼ重なっています。

実は、人間の社会を人類圏とよぶのは少し先走りです。私たちは資源やエネルギー、それに廃棄物処理をほかの圏に依存しているからです。ほかの圏とくらべ

て、まとまりがないのです。循環型社会が実現するまでは、ちょっと烏滸《おこ》がましい名前といえます（☞豆事典「物質循環」）。

生物圏と人類圏の違いの一つに、それをつくる物質の違いがあります。

生物は、もっぱら有機物に頼って暮らしています。自身の体もエネルギー源も有機物です。ところが人類圏でもっとも多くつかわれているのは無機物です。全体の七割は建築や土木でつかわれる建設資材。つまり、土砂・岩石です。工業でつかわれる無機物が一割。金属が一割。紙や木材などの有機物は一割足らずです。人類圏はおもに無機物でできているのです。

五つの圏のうちで、地圏、大気圏、それに水圏は、おもに物理と化学の法則で理解できます。しかし、生物圏と人類圏では、物理と化学では足りません。

たとえば、中東の地下に埋もれている原油は、それに人間が価値を見いだして掘りださなかったなら、日本で燃えて二酸化炭素になることは決してありません。しかも、私たち人間が原油の価値を認識し、それを現実化できるようになったのは、地球史のうちで最近のことです。この「価値」（情報）が目にみえない原動力として働いているのが人類圏です。

生物圏でも、その萌芽がみられます。自分の意志で移動できる動物は、餌や交配相手を求めて特有の活動をします。植物も、日照や水、栄養などの環境要因にしたがって独特の分布をします。これは、そういった因子に一種の価値があるためと考えることができます。そしてその解明は、物理・化学とは違う別の科学である生物学の中心課題となるのです。

人類圏では、物理・化学そして生物の法則だけでは理解できない政治・経済や倫理、法律、それにさまざまな約束事などの社会科学や人文科学とよばれる社会のルールがあります。

ここで気をつけなければならないことがあります。生物法則は、地球の上で進化してきた生き物に特徴的な法則であり、人間の力が大きくなるにつれ、守らなくてもすむ法則になりつつあるのです。たとえば「遺伝子操作」や「合成生物学」では、自然に存在しない生物を人間がデザインしてつくりだしています（☞8・1節）。それが、生命倫理の問題をおこしているのはよく知られています。

宇宙全体で守られているわけではないという点では、社会のルールも同じです。人類圏でしか有効でないし、実際、多くが最近になって人工的につくられたものです。物理と化学の法則を破ることは今の私たちにはできません。しかし社会法則は破ることができるのです。だからこそ、ルールを守らせる社会的仕組みがあるのです。

### ◆人類圏誕生の自覚

私たち人間の活動がほかとは異なる人間独自の世界、すなわち人類圏を生みだ

していると自覚するようになったのは、それほど昔のことではありません。

「文は人なり」の名文句で有名な18世紀フランスの博物学者だったビュフォンは、著書『自然の諸時期』の中で、地球の歴史を七つの段階に分け、その最後の段階を「人間の力が自然の力を補佐する時代」としました。17世紀には、神が創造した世界を完成する役割を人間に求める牧師集団が存在していました。ビュフォンは、そこから一歩踏みでて、宗教的束縛から離れ、人間自身の力が地球を変えて住みやすくしていることを認めたのです。

19世紀になると科学の急速な進展がおこりました。そしてそれが産業に応用されるにつれ、産業が科学の探究を支援するようになりました。産と学の連携です。

こうして、蒸気機関に代表される「動力」の獲得によって地球システムに働きかける人間の力が急激に膨らみだしました。1869年には、巨大土木事業だったスエズ運河が開通しました。技術は人々の暮らしを大きく変え、限りない進歩と繁栄の夢を社会はみるようになっていったのです。

その一方で、バラ色の未来に酔うことなく、地球システムに対する人間の影響を冷静にとらえる目も生まれてきます。アメリカの外交官だったマーシュは、森林の伐採が砂漠化をもたらしていると認め、1864年の著書『人と自然』の中で、かつて豊かな緑があった地中海地域が月面のように荒れ果てたと断じたのです。

そして20世紀。ウクライナ出身の地質学者ウラジミール・ベルナツキーは、地球システム進化の一環として人間の活動をとらえ、農業活動は無機界と生物界とにわたる循環の新しい経路をつくったと指摘し、1924年、人間活動を自然現象として位置づけた著書『地球化学』を出版しました。

ベルナツキーはその後、人類圏という概念の前身といえる人智圏という考えを提唱しました。これは今日、インターネット上に集積した「智の仮想空間」をあらわす言葉として用いられています。

20世紀の半ばを過ぎると、さまざまな環境汚染が露わになりました。そのため、環境について多少とも気をつけなくてはならないという認識が生まれました。

アメリカの経済学者ケネス・ボールディングは1960年代に発表した一連の著作で、「今や地球は、資源もゴミ捨て場も限られた宇宙船になっている。これを理解し、それに自らを適合させなければ人類は消え去るしかない」と主張しています。

一方、マサチューセッツ出身の思想家バックミンスター・フラーは、有限な資源を適切につかって持続可能な暮らしを実現する必要性を認識して、1963年の著書『宇宙船地球号操縦マニュアル』で「地球を操縦する」という考えを提示しました。地球システムを動かす一つの因子として人間活動を捉えたばかりか、ドライバー（推進力）と位置づけたのです。これは、意図的に地球環境を操作して

改善しようというジオエンジニアリングの発想につながるものでした。

さらに世紀の終わりが見えてきた1980年代に、生物学者のユージン・ストーマーが、人類圏の特異な活動が地球に刻みこまれている時代として、現代と近未来を「アントロポセン（人新世）」と名づけたのです。

これを、ノーベル化学賞受賞者であるパウル・ヨーゼフ・クルッツェンがストーマーとの連名で、近年の地質学的な時代をあらわす言葉として、地球と生物の相互作用を研究する国際組織IGBPの会報で2000年に紹介したところ、大きな反響をよびました。

こうして今では、一つの生物種に過ぎない私たち人間が地球表面の様子を急激に変えていること、それは成熟した人類圏の形成へと向かう移行期であることを、地球や生物に関する研究者たちが明確に意識するようになったのです。

## ◆大気の構造

図①は大気の様子を示しています。大気は上空500 kmを超える高さまで広がっていますが、便宜的に宇宙空間との境界を高度100 kmあたりとしています。

大気は地表面から上に向かって対流圏、成層圏、中間圏、熱圏という、それぞれまとまりのある四つの圏に分けられます。対流圏の厚さは高緯度で約8 kmと薄く、低緯度でおよそ17 kmと厚くなっています。成層圏と中間圏との境目は高度約50 km、中間圏と熱圏との境目は高度およそ80 kmです。熱圏の上部は宇宙空間であり、電離層があります。

太陽からの光は、三つの場所で大気を温めます。地表面、成層圏、それに熱圏です。図①で気温がジグザグになっているのは、そのためです。

対流圏は大気の重さの8割を占め、地表からの熱で温められ空気が対流しています。天候に関係する現象のほとんどがおこっている空間です。

目にはみえませんが大気は積み重なっています。大気圧は、その積み重なった重みで生じます。ですから、積み重なりが少ない上空に行くほど圧力が低くなります。そのため地表の大気が対流で上昇すると、大気は膨張し温度が下がります。

温度が下がると雲ができます。ですから、ほとんどの雲は対流圏にあります。また対流圏は、人間とほかの生物の活動が活発な空間です。そのため、大気汚染物をはじめとするさまざまな種類の化学物質も対流圏に存在します。

対流圏の上にあるのが成層圏です。ここでは、大気が対流圏のようには混ざりません。中緯度域以上の成層圏では、夏は東風、冬は西風と、季節によって風向きが変わります。

成層圏では、太陽の紫外線を浴びて酸素分子からつくられるオゾンが紫外線を吸収し温まります。そのため、高度とともに温度が上昇します。対流圏との境目あたりで気温はおよそ−70 ℃なのに、成層圏の上にある中間圏との境目付近で

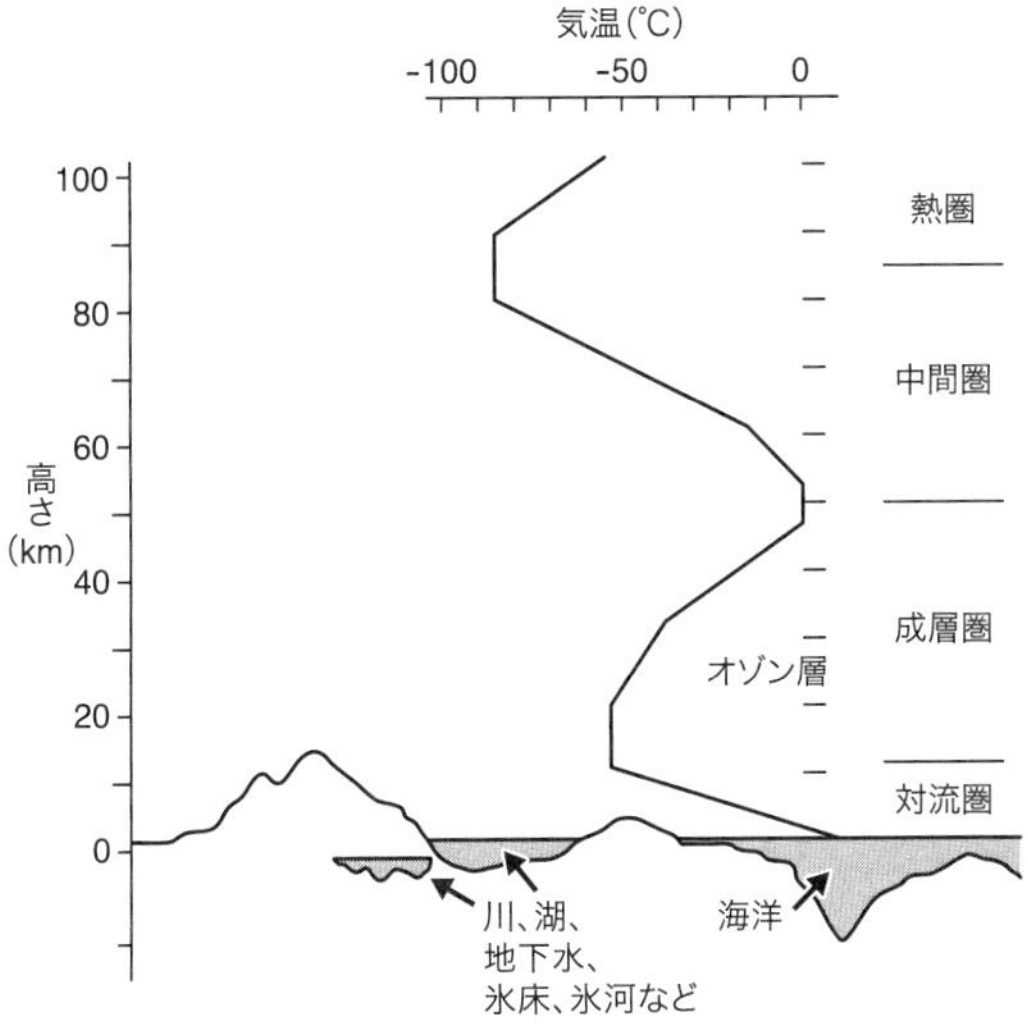


図① 大気の鉛直構造

山の高さ、湖や海の深さはスケールに合っていません。

は－15℃から0℃にまで温度が上昇します。成層圏内でオゾン濃度が一番高いのは高度約20～25 km付近です。

成層圏下部、高度30 kmあたりまでには、火山の噴煙をおもな起源とする水和した硫酸からなるエアロゾルが漂っています（☞豆事典「エアロゾル」)。これを成層圏エアロゾル層とよんでいます。成層圏に硫酸のエアロゾルをつくって地表を冷やそうというジオエンジニアリングの提案は、この天然の成層圏エアロゾル層の働きが少しわかってきたことを根拠にしています（☞1・2節)。

成層圏の上、地表から数えて三番目にある大気の層が中間圏です。そして、その上に広がるのが熱圏で、ここから宇宙空間がはじまります。

日本も運用に加わっている国際宇宙ステーションは、高度400 kmの熱圏を飛行しています。熱圏には、高エネルギーの電磁波や粒子が太陽や宇宙からやってきます。そのため窒素や酸素などの大気成分が強く温められるとともに、電子を放出して電気を帯びたイオンになります。これを電離とよんでいます。

電離で生じる電子やイオンは電波を反射する性質があり、このお蔭で電波を用いた遠距離通信ができるのです。そこで、電子やイオンがある領域をとくに電離層とよんでいます。

熱圏よりも遥か上空、高度数万 km 以上のところで、地球の磁場と太陽風の圧力とが釣りあっています。そこよりも内側が磁気圏です。磁気圏には太陽から飛んでくる高エネルギー粒子が多く存在するバン・アレン帯があり、地球に入ってくる有害な太陽風を逸《そ》らす働きがあります。これは、地上に生きる生命にとって、成層圏オゾン層とともにありがたい存在です。高緯度の上空にオーロラをみることができるのも、地球の磁場が私たちを守って戦っているからなのです。

### ◆ティッピングポイント

土砂降りの雨のあとで突然に山が崩れるように、それまで何ともないようにみえたものが、あるとき、雪崩を打って別の状態に移行してしまうことがあります。この、雪崩がおきる境目を「ティッピングポイント」とよんでいます。

とくに、地球システムが一つの安定な状態から別の安定状態に移行するとき、それがスムーズに進まずに破滅的なものになる場合を指しています。

図②は、人間活動が地球の許容力を越えて拡大するときに生じるティッピングポイントの概念を示す「ビーチボールと金平糖」モデルです。

現代社会では、その活動を支えるエネルギーと物質が地球システムから採取され、不要物が地球システムに廃棄されます。この人間活動を維持するのに必要な資源と環境の全体を「資源需要」とよんでいます。

資源需要を構成する資源や環境の種類と量は、私たちの暮らし方とそれを支えるのに必要とされる物質とエネルギーを供給する科学技術とに応じて変わります。そして、その規模は 20 世紀後半から急激に膨張しています。

金平糖であらわされている資源需要にある角は、それぞれ特定の資源を示しています。この角は、資源需要の内部構造（資源需要構造）を介して互いにつながりあっており、どこかの需要を減らせば別の角がでっぱり、どこかがでっぱれば他もでっぱるなどがおきます。

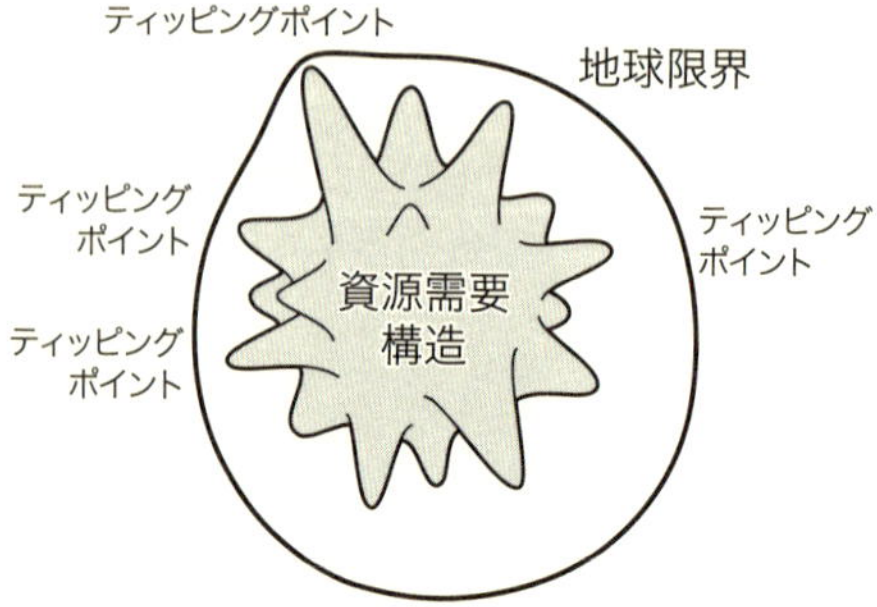

図② 「ビーチボールと金平糖」モデル

たとえば、自動車が増えれば、車体をつくる鉄の生産が増加するとともに、ガソリンや道路建設の需要が増加することになります。一方で、それまでつかわれていた自転車やバイクの需要は減ることでしょう。こ

れが金平糖の角の伸び縮みです。

金平糖を包みこんでいるビーチボールは、資源を供給する地球システムのさまざまな限界（地球限界）の集合体であり、全体として丸い形を保っています。これが、現在の地球システムがバランスの取れた状態で安定していることを示しています。

それぞれの地球限界は、完全に定まったものではなく、システムを規定するほかの要素などとのかかわりで変化する柔軟性があります。それが、ビーチボール程度の柔軟性というわけです。

ここで今、資源需要がティッピングポイントを越えて限界を突き破れば、ビーチボールは破裂して元に戻ることはありません。

どの資源需要が限界にまで迫っているのか。ビーチボールのどこに目をつけていれば地球システムの安定性崩壊に気づくことができるのか。残念ながら、現在の私たちは誰も知りません。ただ、それぞれの研究者がいくつかの目のつけどころを指摘しています。その代表的なものに、北極の海氷融解、エルニーニョ・南方振動の異変、耕作不適地の拡大、淡水消費の増加、地球温暖化、北大西洋北部の表面海水沈みこみの減速、人間活動による窒素とリンの循環変化、土地利用変化、生物多様性の喪失、悪性新型感染症の頻発、薬剤耐性菌の蔓延《まんえん》、森林破壊の進行、成層圏オゾン層の破壊、世界人口の増加、物質・エネルギー消費の拡大、金属資源の枯渇があります。

### ◆物質循環

地球システムでは、さまざまな物質が移動し反応しています。この全体を物質循環とよんでいます。いわゆる「炭素の循環」は、物質循環を炭素という一つの側面からみたものです。

物質循環は、物質とエネルギーとそれらの時空間での変化という視点で、この世界のありさまをとらえたものです。その仕組みはとても複雑で、解明された部分は多くありません。それでも、この仕組みが地球に生命を誕生させ、その後もずっとつづいてきたことから、持続可能な人間社会をつくる手本にすることくらいは、私たちにもできるだろうと考えられています。その標語が「循環型社会」です。

物質循環の様子を知るキーワードが三つあります。「存在量」、「移動量」、それに「滞留時間」です。存在量は、たとえば水の循環であれば、海水の量とか地下水の量とかです。これに対し移動量は、1年間に海に降る雨の量や海から蒸発する水の量など、一つの存在状態からほかの存在状態に変化し移動する量を単位時間あたりで示したものです。

この物質の移動には方向があります。雨は海に入ってくるものであり、海水の

蒸発は海からでていくものです。このバランスで海水の存在量が決まります。ですから、長い間、安定に存在しているものは、流入量と流出量が等しいと考えられます。一方、それが等しくなければ存在量は増減し、いずれあふれるか消滅するかしてしまうのです。

そうすると、存在量を調整する方法には、入ってくる側の調整とでていく側の調整の二通りがあることになります。たとえば、大気中の二酸化炭素の増加を抑える方法としては、大気に廃棄する量を減らすだけでなく、大気から陸や海に移動する量を増やしてもよいわけです。これが、ジオエンジニアリングの捕集貯留という発想の根源になっています。

滞留時間は、そこに物質がとどまっている平均的な時間、すなわち貯留されている時間のことで、通常は存在量を移動量で割れば求まります。海における水の滞留時間は、およそ 3000 年になります。氷河や氷床などの氷雪では 1 万年。大気中の水蒸気は 10 日足らずです。

このように一つの循環の中でも、それぞれの存在状態で滞留時間は大きく異なるのです。そこで、ジオエンジニアリングで炭素の貯留を考えるときには、自然界で滞留時間が長いものに注目するのが定石になっています。

地球上での物質循環では、陸上の植物が 1 年間に捕集する炭素の量が 1200 億トンであるのに対し、それにほぼ等しい 1196 億トンの炭素が、陸上の動植物などから二酸化炭素として大気に戻されます。バランスが取れているといえます。

海でも同様です。藻類が捕集する年間 700 億トンの炭素に対し、海の生物が放出する二酸化炭素は炭素の量で 706 億トンになります。

私たち人間が化石燃料を燃やして大気に捨てている炭素の量が年間で 78 億トンであるのにくらべると、桁違いに多い炭素が自然界で循環していることがわかります。

また、大気中にふくまれている炭素の存在量はおよそ 7600 億トンになります。一方、これと平衡にある海水中の炭素は約 40 兆トン。50 倍もあるのです。ですから、この平衡が少し移動すれば大量の二酸化炭素が海からあふれでてくるかもしれません。でも同時に、厖《ぼう》大な海の貯留機能を上手につかいこなせば、大気中の二酸化炭素を望ましい範囲にとどめることも不可能ではないのです。

たとえば、海底表層の堆積物では炭素の滞留時間は 9000 年程度と見積もられています。ですから、そこに炭素を運びこめば 1 万年近い期間の貯留が期待できるのです。

# 附図

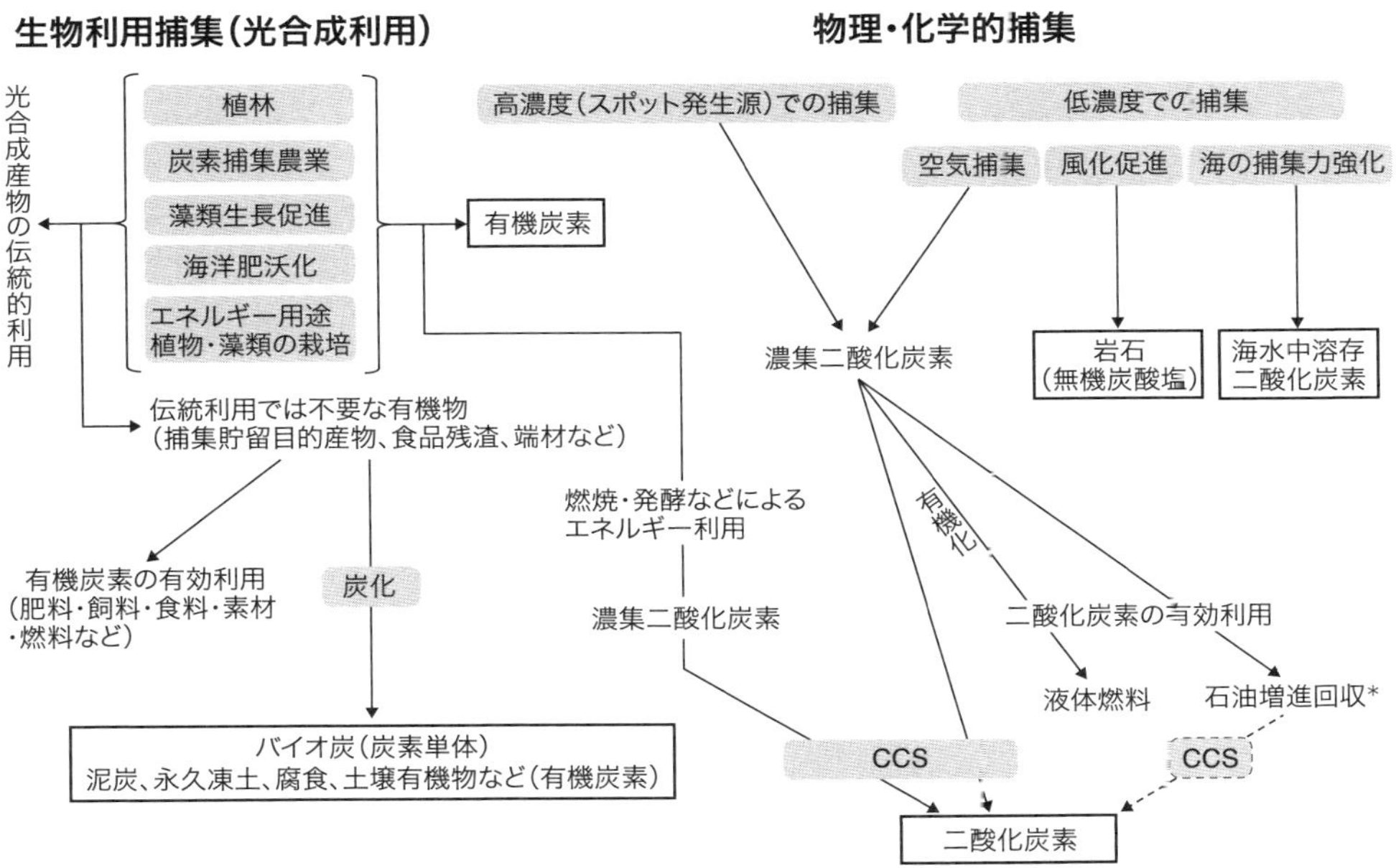


各種捕集貯留技術の関連（概要）

灰色の四角が捕集貯留技術です。四角で囲んであるのは貯留時の炭素の形態を示します。

＊二酸化炭素を有効利用する石油増進回収の一部は、炭素を二酸化炭素として貯留する技術となる可能性があります。

# 附　表

## ❶　ジオエンジニアリング技術の分類とそのおもな特徴

| 種類 | 特徴 |
|---|---|
| 全球工学（GG） | 太陽放射管理を成層圏以上の高度で実施する。さまざまな副次効果が全球におよぶがその内容は未解明。地表気温の抑制に即効性がある。技術レベルは未熟。 |
| 気候制御（CliC） | 実施する場所が対流圏以下であるため、影響の地域的広がりが限定的。現状では、多くが太陽放射管理を用いる。地表気温の抑制効果は個別技術によりさまざま。技術レベルもさまざまだが、概して未熟。離れた地域の気象が連動しているテレコネクションとよばれる現象を利用するものもある。 |
| 捕集貯留（CRATS） | 地表気温に影響する人為起源物質を対象とする。発生したものを捕集するだけでなく、その発生抑制もふくむ。「高濃度スポット発生源での捕集」と「低濃度からの捕集」とに分けられる。二酸化炭素の捕集に関する技術レベルは成熟したものから未熟なものまで多様。ほかの温室効果ガスについては未熟。多くは、捕集後の処理（回収、一時保管、輸送、貯留）に課題がある。 |
| 周辺領域 | 広範囲・長期にわたる事故、大規模な破壊をもたらす戦争、人工的に操作した生命体を野外で栽培・飼育する遺伝子工学、技術を信頼して社会が抱える地球的課題を解決しようとするマクロエンジニアリングなど。地球システムへの影響は未確定であるが、可能性が高い。 |

※表中の GG は Global Geoengineering、CliC（読みは「クリック」）は Climate Control、CRATS（読みは「クラッツ」）は Capture, Recovery, A while keeping, Transportation, and Storage の頭文字をとった略称。なお、太陽放射管理の英名として Solar Radiation Management あるいは Albedo Modification、二酸化炭素除去の英名として Carbon Dioxide Removal あるいは Greenhouse Gas Removal が広く使われている。

### ❷ おもな全球工学案とその概要

| 技術（別名、英名） | 概要 |
|---|---|
| 宇宙日除け<br>（Space Sunshade） | 太陽放射光の入射を妨げる物質を太陽と地球の間に設置する。関連図：口絵①、口絵②、口絵⑪、図1－1 |
| 成層圏エアロゾル散布<br>（Stratospheric Aerosol Spray） | 成層圏の硫酸エアロゾル層を強化し、散乱される太陽放射光を増やし地表に到達する量を減らす。関連図：口絵①、口絵④、図1－1 |

### ❸ おもな気候制御案とその概要

| 技術（別名、英名） | 概要 |
|---|---|
| 巻雲消滅<br>（Cirrus Cloud Thinning、Cirrus Stripping） | 対流圏上部にできる巻雲の雲粒を大きくして早く雨として降らせて雲をなくし、地表から宇宙への熱放射を促進する。関連図：図1－2 |
| 雲増白<br>（Cloud Whitening、Marine Cloud Brightening など） | 雲を白化することで散乱される太陽放射光を増やし地表に到達する量を減らす。関連図：口絵⑤、図1－2、図5－6 |
| クール・ルーフ<br>（Cool Roof） | 白屋根のように、反射率の高い材料で屋根や道路などをつくることで、温まりを抑制する。作物・樹木を白っぽくし、農地・森林の反射率を高めるものもふくむ。また、泡や藻類などを用いて海の反射率を高めるものもふくむ。関連図：口絵⑫、図1－2、図5－1、図5－2、図5－3 |
| 水塊交替<br>（Water Mass Exchange） | 温度、栄養塩濃度、酸素や二酸化炭素などの溶存物濃度、懸濁物量など性質が異なる水を交換することによって、発電、地表冷却、二酸化炭素貯留、台風制御などを果たそうとする技術。関連図：図5－4 |

## ❹ おもな捕集貯留案とその概要

| 技術（別名、英名） | 概要 |
|---|---|
| 高濃度での捕集<br>（Carbon Dioxide Trapping at high Concentration） | 燃焼廃ガスなどから高濃度の二酸化炭素を捕集する。高温で効率よく捕集することが求められる。捕集貯留のうちの「捕集」、「回収」、「一時保管」にかかわる要素技術。 |
| 空気捕集<br>（炭素空気捕集、直接空気捕集隔離、Air Capture、Carbon Air Capture、Direct Air Capture and Sequestration、Carbon Dioxide Trapping at Atmospheric Concentration） | 二酸化炭素と反応する化学物質を用いて大気から捕集し隔離する。貯留は別途、考える。安価であり維持に手間がかからず室温で効率よく捕集することが求められる。捕集貯留のうちの「捕集」、「回収」、「一時保管」にかかわる要素技術。関連図：口絵⑧、図6－1 |
| 海の無機的捕集力の強化<br>（Strengthening Physical Pump） | 二酸化炭素の化学的性質を利用し、溶けこんだ二酸化炭素の移動を促したり、海水の pH を操作するなどして、大気との化学平衡で海洋が二酸化炭素を捕集する物理ポンプの働きを促進。捕集貯留のうちの「捕集」にかかわる要素技術。海の生態系に影響がある。 |
| 植林<br>（Tree Planting） | 樹木が二酸化炭素を大気から捕集する働きを利用して、大気中二酸化炭素濃度を減らす試み。水、栄養、適度な日射など植物の生長に必要な条件を整える必要がある。光合成産物（木材、果実など）の利用が可能。捕集貯留のうちの「捕集」にかかわる要素技術。 |
| 農業<br>（Agriculture） | 作物が二酸化炭素を大気から捕集する働きを利用して、大気中二酸化炭素濃度を減らす試み。水、栄養、適度な日射など作物の生長に必要な条件を整える必要がある。非栽培期間の農地管理もふくむ。光合成産物（作物、藁、食品残渣など）の利用が可能。捕集貯留のうちの「捕集」にかかわる要素技術。 |

| | |
|---|---|
| 藻類を育てる<br>(Aquafarming Algae) | 生物ポンプの働き。海の藻類による二酸化炭素の捕集を利用して大気中の二酸化炭素濃度を減らす試み。栄養、適度な日射など藻類の生長に必要な条件が満たされる必要がある。昆布やワカメのような大型藻類では収穫して燃料や食料、原材料として利用することも可能。捕集貯留のうちの「捕集」にかかわる要素技術。海洋生態系への影響がある。関連図：図6－2 |
| 海洋肥沃化<br>(Ocean Fertilization、Ocean Nourishment；補う栄養素が鉄である場合は、<br>Ocean Iron Fertilization あるいは OIF が用いられる) | 不足している栄養を補給することで藻類の生長を促し、結果として大気中の二酸化炭素が減ることを期待する。生物ポンプを利用する。海の生態系に影響する。海産物の利用が可能。主として「捕集」にかかわる要素技術。「輸送」と「貯留」は未解明。関連図：図6－3 |
| 風化促進<br>(Accelerated Weathering、Mineral Carbonation) | 大部分の岩石を構成するケイ酸塩鉱物が二酸化炭素と反応して安定な炭酸塩となる風化の働きを促進する。反応物である岩石は豊富。反応が遅いので、速度の制御法の開発が課題。関連図：口絵⑨、口絵⑭、図6－4 |
| バイオ炭<br>(Biochar) | 生物由来の有機物を炭化し、土にすきこむなどして貯留する。規模、期間、安全性、適地、コストなどの要件を満たすものを探索中。「回収」以降にかかわる要素技術。 |
| 有機炭素化合物の貯留<br>(Storage as Organic Carbon) | 生物由来の有機物をそのまま、あるいは難分解性に変換して貯留。木材、泥炭、難分解性土壌有機物、海水中の難分解性有機物などがモデルとされる。また、藻場や沼沢地、泥炭地、永久凍土、無酸素低温の深海など有機物が分解しにくい環境中に有機炭素を置くこともふくむ。規模、期間、安全性、適地、コストなどの要件を満たすものを探索中。「貯留」にかかわる要素技術。 |

| | |
|---|---|
| CCS、炭素捕集貯留（二酸化炭素捕集貯留、Carbon Capture and Storage、Carbon Capture and Sequestration など） | 主として油井や火力発電所など大量に二酸化炭素が発生するところで二酸化炭素を捕集し、その後、地殻中に貯留する。貯留中に二酸化炭素から炭酸塩などへの変化を期待する提案もある。規模、期間、安全性、適地、コストなどの要件を満たすものを探索中。構想としては高濃度二酸化炭素の捕集から貯留にわたる全体をカバーするが、主として貯留に注力している要素技術。貯留のみであることを特定する場合には Carbon Geological Storage とよぶことがある。関連図：図 6 - 5 |
| BECCS、バイオエネルギー・二酸化炭素捕集貯留（Bio-Energy with Carbon Capture and Storage、Bio-Energy with Carbon Capture and Sequestration） | バイオマスをエネルギー利用したあとに発生する二酸化炭素を、何らかの方法で捕集し貯留する。構想としては生物の光合成による大気中二酸化炭素の捕集から貯留にわたる捕集貯留技術全体をカバーしているが、貯留部分は CCS に依存している。関連図：図 7 - 2 |
| 回収二酸化炭素の有効利用（炭素捕集利用、石油増進回収、液体燃料やプラスチックの原料への利用など）（CCU、Carbon Capture and Utilization、Industrial Use of Recovered Carbon Dioxide、EOR、Enhanced Oil Recovery） | 二酸化炭素の利用に特化しているが、石油増進回収では貯留にも寄与する可能性がある。ほかの資源利用を間接的に抑制する効果を期待。関連図：図 6 - 6 |
| ネッツ（マイナス放出技術群、Negative Emission Technologies） | 温室効果ガスを正味で減らす技術一般を指す包括的用語。関連図：図 7 - 1 |